あれっ，大学で数学がわからなくなった！

～大学数学を読み解く力を手に入れよう～

浅井　徹　著

コロナ社

まえがき

高校まで数学が得意だったにもかかわらず，大学１年生の数学でつまずく，あるいは戸惑う人はかなりの割合でいると思われる。その原因の一つは，高校数学の目的と大学数学の目的が異なっているためである。高校では個別の対象の理解を目指しているのに対し，大学ではより抽象的，より普遍的な事実の理解を目指している。例えば，高校数学は「指数関数について …… が成り立つ」「三角関数について …… が成り立つ」という内容であるのに対し，大学数学は「連続関数について …… が成り立つ」「微分可能な関数について …… が成り立つ」という内容になる。前者はイメージしやすい一方で，後者は抽象的でとっつきにくい。

しかしながら，後者の内容の威力は圧倒的である。例えば，連続関数についてある事実が成り立つことがわかったとする。このことは，高校数学で学ぶほとんどの関数，例えば多項式や指数関数，三角関数，あるいはそれらの積や和で作られる関数すべてに対して同じ事実が成り立つことを意味する。それだけでなく，連続であるが今はまだ知られていない関数に対しても，その事実が成り立つことがわかったことにもなる。このように，さまざまなものを一網打尽に扱おうとする点が大学数学の高校数学との大きな違いである。そのような姿勢が物事の本質を捉えることにも繋がっている。なお，大学数学といっているが，これは大学だけで通用する数学という意味ではなく，実際には大学以降の数学の意味である。

目的や扱う内容が違うことから，高校数学と大学数学では理解に必要な素養が異なる。高校数学では具体的な内容を扱うので，提示された事実を計算によって確かめることができる。そのため，（極論すると）計算を正確に行う素養があれば高校数学の内容を習得することができる。一方，大学数学では抽象的な内容を扱うので，その内容を計算で確かめることはできない。大学数学では値の計算よりも，主に性質に基づいた議論によって論証が進む。その論証は例えば，「関数が連続なので …… が成り立つ。このとき，……」というようなものである。そこで必要になるのは論理を自在に扱える素養である。

数学を学ぶ意味として「論理力を鍛えることができる」という説明がなされることがある。このこと自体は間違いではないと思われるが，これを高校数学で実感することは難しいであろう。先にも述べたように，高校数学では値の計算に関する内容が主で，論理が用いられる場面は限られているためである。また，論理が必要な場面でも，図やグラフなどに基づく感覚的な説明で済まされ，本当の論理が援用されないこともある。「限りなく近づく」を極限の定義としていることなどは，その一例である。これは必ずしも悪いことではなく，それによって微分や積分などの概念を早期に理解できるのであれば，そのメリットは大きいと思われる。

一方，大学数学を理解できれば論理力は鍛えられるであろう。ただし，論理を扱える素養を有していないと，そもそも大学数学を理解することすらできない。例えば，書かれている定理が何を主張しているのか，あるいは，その定理を証明するためには何を示せばよいか，などが把握できなければ，教科書を読んでも意味を理解できないであろう。

残念ながら，現在の教育カリキュラムでは論理の素養を身につける機会は与えられていない。そのために，多くの人が大学数学の最初でつまずき，戸惑っている。そこで本書は，論理の素養を身につけるための基本的な事柄を説明する。具体的には数学の命題の文法と集合・写像に関する記号や語句，さらには大学数学における関数の取り扱いの前提となる背景を説明する。本書は大学数学の内容を説明するものではなく，あくまでも大学数学を理解するための素養，すなわち大学数学の教科書を読む力を身につけることが目的である。そのため，例として用いる題材は高校数学の知識で理解できるものに絞ってある。

高校数学と同じような題材を用いてはいるが，その示し方は高校数学と同じではない。高校数学では平易な言葉で説明されていて，厳密ではあるがとっつきにくい言葉使いは避けられている。一方，本書で説明する内容のうち，基礎的な部分については高校数学で学んだ内容を大学数学に近い形で示したものになっている。このような説明が高校数学から大学数学への橋渡しとなるであろう。是非，手を動かしながら読み進めて頂きたい。

大学の授業でつまずく，あるいは戸惑うもう一つの理由は，高校と大学の授業のやり方が異なることである。この件については本書の最後で説明しよう。手を動かしながら，といっている理由もそこで説明する。

本書が大学数学に対する理解の一助になることを願って。

2023 年 7 月

浅井　徹

目　　　　　次

第1章　大学数学では集合が大事

第2章　論理の組み立てを読み解こう

第3章　集合を使いこなせるようになろう

第4章　関数は想像以上に自由な存在，先入観を捨ててつきあおう

第5章　高校と大学の授業はこれだけ違う

演習の解答例

第 1 章

大学数学では集合が大事

記号の型と集合

記号の型と集合

大学数学では実数や複素数などの数だけでなく，ベクトルや行列，関数など，多様な対象を扱う。また，ベクトルも実数を要素とするものだけでなく，複素数や多項式を要素とすることもある。同様に，関数も実数から実数への関数だけでなく，例えば複素数から行列への関数が扱われることもある。

一方，数学では記号を用いる。そのため，例えば記号を x としたとき，x が実数を表す場合もあれば，複素数や行列，さらには関数を表す場合もある。高校まではベクトルは $\vec{x}$ で表記するなど，記号の飾りを変えることで表す対象を区別していた。しかしながら，大学数学で扱う対象は多岐にわたるので，そのようなやり方では飾りが足りなくなるし，そもそも数多くの飾りを覚えておくのは大変である。

大学数学では，記号の意味を記号の飾りではなく，集合を用いて定めることが多い。集合の詳細については第 3 章で扱うが，ここでは当面の第 2 章で必要となる基本的なものを説明しておく。

集合とは「もの」の集まりである。集合に属している「もの」を**元**《げん》という。集合を定義する方法はいくつかあり，最も基本的なものは元を列挙することである。例えば，1, 2, 3 からなる集合は $\{1,2,3\}$ というように記述する。集合自体を記号で表記することもある。例えば上記の集合を X と定義したい場合には

$$X = \{1,2,3\} \tag{1.1}$$

と書く。ある「もの」x が集合 X に属しているときには $x \in X$ と書き，逆に属していないときには $x \notin X$ と書く。先の例では $1 \in \{1,2,3\}$，$4 \notin \{1,2,3\}$ である。元をもたない集合を**空集合**といい，$\emptyset$ で表す。空集合に対しては，どのような x に対しても $x \notin \emptyset$ である。

数学では集合は目的に応じて適宜定義されるが，よく用いられる標準的な集合には**表 1.1** の記号を用いることが慣例となっている。

表 **1.1**　標準的な集合

記号	意味
N	自然数の集合
Z	整数の集合
Q	有理数の集合
R	実数の集合
C	複素数の集合

N, **R**, **C** はそれぞれ英語で自然数を意味する「Natural number」, 実数を意味する「Real number」, 複素数を意味する「Complex number」の頭文字に由来している。一方, 有理数は英語で「rational number」であり, その頭文字は実数と同じ R である。そこで有理数の集合には商を意味する「Quotient」の頭文字 Q が用いられている。整数の **Z** はドイツ語で数を意味する「Zahlen」の頭文字 Z に由来している。

高校数学では集合はベン図とともに扱われていて, 集合を考えることはベン図を書くことと理解している人も多いであろう。例えば集合 A と集合 B をベン図で書くと, 元の属し方が 4 通りあることを視覚的に理解できる (**図 1.1**)。しかしながら, ベン図ではそれ以上のことは扱えない。一方, 大学数学では集合と集合の関係も扱うが, それ以上に個々の集合の性質が重要である。例えば, 自然数の集合と有理数の集合はすべての元に番号をつけることができる性質を共有している。一方, 有理数の集合と実数の集合はどの元のどんな近くにも他の元があるという性質を共有している†。このような個々の集合の性質を

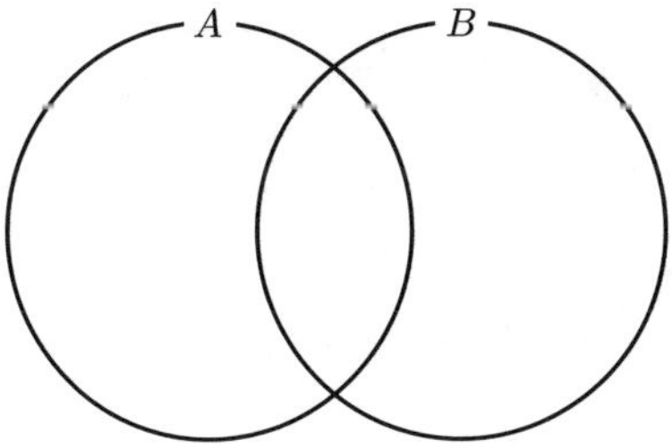

図 1.1　ベン図

† 本書では有理数や実数の集合の性質には触れない。詳細は文献 1) などを参照されたい。

議論する際にはベン図を用いることはほとんどない。逆にいえば，高校数学における集合の議論ではベン図で書けるような事柄のみが扱われていて，それ以外のほとんどの部分は高校数学の範囲には含まれていない。大学数学で集合を扱う際には「集合はベン図」という固定観念を捨てて，与えられた個々の集合では何が成り立ち，何が成り立たないか，という点に着目して頂きたい。

集合を用いて「ある $x \in \mathbf{R}$ が与えられたとする」と書くと，それは x は実数であると仮定あるいは宣言したことになる。同様に，「$x \in \mathbf{N}$ とする」「$x \in \mathbf{C}$ とする」と書けば，x はそれぞれ自然数，複素数である。このように，「$x \in X$ とする」は非常に短い記述であるが，x が何かを示す重要な記述である。

実数の集合に関しては**表 1.2** の記号も頻繁に用いられる。表は $a, b \in \mathbf{R}$ としたときである。

表 1.2　実数の集合によく用いられる記号

記号	意味
(a, b)	a より大きく b 未満の実数の集合
$[a, b]$	a 以上 b 以下の実数の集合
$[a, b)$	a 以上 b 未満の実数の集合
$(a, b]$	a より大きく b 以下の実数の集合

半区間に対しては**表 1.3** の記号がよく用いられる。∞，$-\infty$ に対応する括弧は常に丸括弧 (　) であることに注意されたい。

表 1.3　半区間でよく用いられる記号

記号	意味
(a, ∞)	a より大きい実数の集合
$[a, \infty)$	a 以上の実数の集合
$(-\infty, a)$	a 未満の実数の集合
$(-\infty, a]$	a 以下の実数の集合

第 2 章

論理の組み立てを読み解こう

2.1　命題論理 part I

数学の教科書には定理や補題などが書かれている。それらは総称では**命題**と呼ばれるものであり，個々の命題の位置づけに応じて定理や補題などの名前がつけられている。そもそも命題とは真偽が明確な文のことである。命題は真のものもあれば偽のものもある。下記の文はいずれも命題である。

- 3 は 2 より大きい
- 5 と 9 は等しい

前者は真の命題，後者は偽の命題である。一方，「3 は大きい」は命題ではない。なぜなら，3 が大きいか否かの真偽を定められないからである。ただし，この場合も「大きい」の意味を明確に定めれば上記の文は命題となる。例えば「実数が 1 以上であるとき，その実数を『大きい』という」というように定義すれば「3 は大きい」は命題となる。実際にはこのような定義が受け入れられることはないので，「3 は大きい」は命題にはならない。数学の教科書にある定理や補題はいずれも真の命題である。

命題が真であることを，その命題が「成り立つ」という場合もある。逆に偽の場合には「成り立たない」といわれる。

数学では複数の命題が組み合わさった命題を扱うことが多い。そのような命題の成り立ちや構造を考えるときには，構成要素となる命題を A や B などの記号で表記して考えるとわかりやすい。例えば命題 A，B をそれぞれ

命題 A：3 は 2 より大きい　(2.1)

命題 B：5 と 9 は等しい　(2.2)

と定義すれば，命題 A の値は真，命題 B の値は偽である。このように命題を記号で表記するとき，その記号は定義と値の二つの側面をもつことに注意が必要である。ただし，記号を用いるとき，特に断わらない限り，その記号が表して

いるのは値のほうである。これは，例えば記号 x を

$$x = 1 + \sin 2 \tag{2.3}$$

と定義したとき，x が表しているのはその値（約 1.91）であることと同じである。

複数の命題を組み合わせる演算はいくつかあるが，ここではまず $\wedge$（and），$\vee$（or），$\neg$（not）のみを説明する。その他の演算は 2.4 節で説明する。

$\wedge$（and）は二つの命題から新しい命題を作る演算である。命題 A と命題 B に対して，A，B ともに真のとき $A \wedge B$ は真で，それ以外，すなわち A，B の少なくとも一方が偽の場合，$A \wedge B$ は偽である。演算 $\wedge$ は**論理積**とも呼ばれる。$\wedge$ の定義を表にしたものが**表 2.1** である。表 2.1 では真，偽をそれぞれ T（True の頭文字），F（False の頭文字）と表記している。このような表を**真理値表**という。

表 2.1　$\wedge$ の真理値表

A	B	$A \wedge B$
T	T	T
T	F	F
F	T	F
F	F	F

$A \wedge B$ を文章で表記する場合には「A かつ B」と書く。例えば「3 は 2 よりも大きい，かつ，5 は 1 よりも大きい」「3 は 2 よりも大きい，かつ，5 と 9 は等しい」などである。前者は真，後者は偽の命題である。

$A \wedge B$ の定義から，A，B の与え方によらず $A \wedge B$，$B \wedge A$ の真偽は同一である。このような命題は**同値**であるという。一般に[†]，命題 P と命題 Q が同値であるとき $P \Leftrightarrow Q$ と表記する。$\wedge$ に関して以下の関係が成り立つ。

$$A \wedge B \quad \Leftrightarrow \quad B \wedge A \tag{2.4}$$

[†] 日常会話で「一般的」というと「普通は」「通常は」「多くの場合は」という意味であるが，数学で「一般に」というとき，それは「どんなときも」「すべての場合において」「例外なく」の意味である。日常会話の「一般的」とは意味が異なるので注意されたい。

$$A \wedge A \quad \Leftrightarrow \quad A \tag{2.5}$$

$$A \wedge \mathrm{T} \quad \Leftrightarrow \quad A \tag{2.6}$$

$$A \wedge \mathrm{F} \quad \Leftrightarrow \quad \mathrm{F} \tag{2.7}$$

演習 2.1 真理値表を用いて式 (2.5) ~ (2.7) が成り立つことを証明せよ。

表 2.2 より A, B, C の与え方によらず

$$(A \wedge B) \wedge C \quad \Leftrightarrow \quad A \wedge (B \wedge C) \tag{2.8}$$

が成り立つこともわかる。式 (2.8) は複数の $\wedge$ があるとき，その結果は演算の順序によらないことを意味している。このことから，$(A \wedge B) \wedge C$ あるいは $A \wedge (B \wedge C)$ を $A \wedge B \wedge C$ と書いても構わない。このことは三つの命題だけでなく，四つ以上の命題についても成り立つ。

表 2.2 $(A \wedge B) \wedge C$，$A \wedge (B \wedge C)$ の真理値表

A	B	C	$A \wedge B$	$(A \wedge B) \wedge C$	$B \wedge C$	$A \wedge (B \wedge C)$
T	T	T	T	T	T	T
T	T	F	T	F	F	F
T	F	T	F	F	F	F
T	F	F	F	F	F	F
F	T	T	F	F	T	F
F	T	F	F	F	F	F
F	F	T	F	F	F	F
F	F	F	F	F	F	F

$\vee$（or）も $\wedge$ と同様に二つの命題から新しい命題を作る演算である。命題 A と命題 B に対して，A, B の少なくとも一方が真ならば $A \vee B$ は真で，それ以外，すなわち A, B ともに偽の場合には $A \vee B$ は偽である。演算 $A \vee B$ は**論理和**とも呼ばれる。$A \vee B$ を文章で表記する場合には「A または B」と書く。例えば「3 は 2 よりも大きい，または，5 は 1 よりも大きい」「3 は 2 よりも小さい，または，5 と 9 は等しい」などである。前者は真，後者は偽の命題であ

る。日本語の「または」は「どちらか一方のみ」の意味で用いられることもあるが，数学における「A または B」はあくまでも「A，B の少なくとも一方」の意味である。よって，A，B が両方とも真の場合にも「A または B」は真である。

論理積の場合と同様に，論理和 $\lor$ の場合に以下の関係が成り立つ。

$$A \lor B \quad \Leftrightarrow \quad B \lor A \tag{2.9}$$

$$A \lor A \quad \Leftrightarrow \quad A \tag{2.10}$$

$$A \lor \mathrm{T} \quad \Leftrightarrow \quad \mathrm{T} \tag{2.11}$$

$$A \lor \mathrm{F} \quad \Leftrightarrow \quad A \tag{2.12}$$

$$(A \lor B) \lor C \quad \Leftrightarrow \quad A \lor (B \lor C) \tag{2.13}$$

式 (2.13) より，$(A \lor B) \lor C$ あるいは $A \lor (B \lor C)$ を $A \lor B \lor C$ と書いても構わない。

演習 2.2　真理値表を用いて式 (2.9) ～ (2.13) を証明せよ。

$\land$，$\lor$ の演算の組合せに関しては以下の関係が成り立つ。

$$A \land (B \lor C) \quad \Leftrightarrow \quad (A \land B) \lor (A \land C) \tag{2.14}$$

$$A \lor (B \land C) \quad \Leftrightarrow \quad (A \lor B) \land (A \lor C) \tag{2.15}$$

実際，式 (2.14) は**表 2.3** の真理値表から確認することができる。

演習 2.3　式 (2.15) が成り立つことを示せ。

前述したように $\land$，$\lor$ はそれぞれ論理積，論理和と呼ばれている。数値に関する演算では積のほうが和よりも優先順位が高い。例えば $2\times3+1$ は $(2\times3)+1$ の意味である。一方，論理積と論理和の優先順位は同じである。よって，式 (2.14)，(2.15) いずれの場合も括弧を省略してはいけない。

表 2.3　$A \wedge (B \vee C)$，$(A \wedge B) \vee (A \wedge C)$ の真理値表

A	B	C	$B \vee C$	$A \wedge (B \vee C)$	$A \wedge B$	$A \wedge C$	$(A \wedge B) \vee (A \wedge C)$
T	T	T	T	T	T	T	T
T	T	F	T	T	T	F	T
T	F	T	T	T	F	T	T
T	F	F	F	F	F	F	F
F	T	T	T	F	F	F	F
F	T	F	T	F	F	F	F
F	F	T	T	F	F	F	F
F	F	F	F	F	F	F	F

演習 2.4　以下の事実が成り立つことを真理値表を用いて示せ。

(1)　$A \wedge (B \vee C)$ と $(A \wedge B) \vee C$ は等価ではない。

(2)　$A \vee (B \wedge C)$ と $(A \vee B) \wedge C$ は等価ではない。

$\neg$（not）は，$\wedge$，$\vee$ が二つの命題を引数にするのとは異なり，一つの命題から新しい命題を作る演算である。命題 A に対して $\neg A$ は A の真偽を逆転させる演算で，A が真なら $\neg A$ は偽，A が偽なら $\neg A$ は真である。$\neg A$ は「A の否定」あるいは「A ではない」などといわれる。例えば A が「3 は 2 よりも大きい」のとき，$\neg A$ は「『3 は 2 よりも大きい』ではない」である。これはさらに「3 は 2 以下である」と言い換えることができる。明らかに

$$(\neg(\neg A)) \quad \Leftrightarrow \quad A \tag{2.16}$$

$$(\neg A) \wedge A \quad \Leftrightarrow \quad \mathrm{F} \tag{2.17}$$

$$(\neg A) \vee A \quad \Leftrightarrow \quad \mathrm{T} \tag{2.18}$$

である。

$\neg$ と $\wedge$，$\vee$ を組み合わせた $\neg(A \wedge B)$，$\neg(A \vee B)$ なども命題である。これらに関しては次の関係が成り立つことが知られている。

定理 2.1

命題 A，B の真偽によらず，以下の関係が成立する。

$$\neg(A \wedge B) \quad \Leftrightarrow \quad (\neg A) \vee (\neg B) \tag{2.19}$$

$$\neg(A \vee B) \quad \Leftrightarrow \quad (\neg A) \wedge (\neg B) \tag{2.20}$$

証明　式 (2.19) については**表 2.4** の真理値表より示される。式 (2.20) についても同様である。□

表 2.4　式 (2.19) の関係

A	B	$\neg(A \wedge B)$	$\neg A$	$\neg B$	$(\neg A) \vee (\neg B)$
T	T	F	F	F	F
T	F	T	F	T	T
F	T	T	T	F	T
F	F	T	T	T	T

演習 2.5　式 (2.20) が成り立つことを示せ。

式 (2.19)，(2.20) の関係は**ド・モルガンの法則**（De Morgan's laws）と呼ばれている。定理 2.1 では二つの命題に対する結果が示されているが，定理 2.1 を繰り返し適用することで，n 個の命題 $A_1, \cdots, A_n$ に対して以下の関係が成り立つことを示すことができる。

$$\neg(A_1 \wedge \cdots \wedge A_n) \quad \Leftrightarrow \quad (\neg A_1) \vee \cdots \vee (\neg A_n) \tag{2.21}$$

$$\neg(A_1 \vee \cdots \vee A_n) \quad \Leftrightarrow \quad (\neg A_1) \wedge \cdots \wedge (\neg A_n) \tag{2.22}$$

例えば，$n = 3$ の場合に式 (2.21) が成り立つことは以下のように示される。

$$\begin{aligned}\neg(A_1 \wedge A_2 \wedge A_3) \quad &\Leftrightarrow \quad \neg((A_1 \wedge A_2) \wedge A_3) \\ &\Leftrightarrow \quad (\neg(A_1 \wedge A_2)) \vee (\neg A_3) \\ &\Leftrightarrow \quad ((\neg A_1) \vee (\neg A_2)) \vee (\neg A_3) \\ &\Leftrightarrow \quad (\neg A_1) \vee (\neg A_2) \vee (\neg A_3) \end{aligned} \tag{2.23}$$

演習 2.6　$n=3$ の場合に式 (2.22) が成り立つことを示せ。

2.2 述語論理

数学では変数に依存する命題を扱うことが多い。例えば，x を整数，$P(x)$ を

$$P(x) : x \text{ は正である} \tag{2.24}$$

とするとき，$P(x)$ は各整数 $x \in \mathbf{Z}$ に対して命題である。実際，$P(1)$ は「1 は正である」を意味し，真の命題である。また，$P(-1)$ は「-1 は正である」を意味し，偽の命題である。このように，変数に依存する命題のことを**述語**という。述語は変数の値が定まって初めて命題になるので，変数の値が決まっていなければ述語は命題ではない。述語は数学の教科書では**条件**といわれることが普通である。ただし，条件という言葉はさまざまな意味に使われる。誤解や混乱を避けるために，本書では「述語」を主に用いる。

述語は変数に依存するので，変数の値に複数の候補があれば複数の命題が得られる。例えば，x の n 個の候補 $x_1, \ldots, x_n$ が与えられたとき，$P(x_1), \ldots, P(x_n)$ はいずれも命題である。これよりさらに，それらを組み合わせた命題

$$P(x_1) \wedge \cdots \wedge P(x_n) \tag{2.25}$$

$$P(x_1) \vee \cdots \vee P(x_n) \tag{2.26}$$

を考えることができる。式 (2.25)，(2.26) のように記号 $P(x)$ で記述した場合には問題ないかもしれないが，文章で書かれた命題を扱う場合には式 (2.25)，(2.26) のような表記では記述や理解が困難になる。例えば $n=3$，$x_1=-1$，$x_2=0$，$x_3=1$ で述語が式 (2.24) で与えられる場合には，式 (2.25) は「-1 は正である，かつ，0 は正である，かつ，1 は正である」となり，記述が冗長で煩雑である。また「区間 $[0,1]$ に含まれるすべての実数」のように，そもそもすべての元を列挙できない場合もある。

そこで，式 (2.25)，(2.26) の命題をそれぞれ以下のように記述する。

$$\forall x \in X \quad P(x) \tag{2.27}$$

$$\exists x \in X \quad P(x) \tag{2.28}$$

ただし，$X = \{x_1, \ldots, x_n\}$ である。

$\forall x \in X \quad P(x)$ について，集合 X の各元 x に対して $P(x)$ を確かめ，それらがすべて真なら $\forall x \in X \quad P(x)$ は真，そうでなければ偽である。よって，$X = \{x_1, \ldots, x_n\}$ のときには $\forall x \in X \quad P(x)$ は式 (2.25) と同じ命題である。$\forall x \in X \quad P(x)$ を文章で表記する場合には「任意の（すべての）$x \in X$ に対して $P(x)$ である」などと表記する。「任意の」は「（話者以外の人の）意に任《まか》せる」すなわち「話者の都合とは無関係に，勝手に」の意味である。$\forall x \in X \quad P(x)$ の $\forall$ は「for Any」あるいは「for All」の「A」に由来する記号で，**全称記号**あるいは**全称限定子**と呼ばれている。

命題 $\forall x \in X \quad P(x)$ の真偽は述語 $P(x)$ だけでなく，集合 X にも依存する。例えば，$X = \{1, 2, 3\}$ と式 (2.24) の述語の場合に対して $\forall x \in X \quad P(x)$ を文章で表記すると「任意の（すべての）$x \in \{1, 2, 3\}$ に対して x は正である」となる。また，その真偽は $(1 > 0) \wedge (2 > 0) \wedge (3 > 0)$ より真である。一方，$X = \{0, 1, 2\}$ の場合には $(0 > 0) \wedge (1 > 0) \wedge (2 > 0)$ であるが，$0 > 0$ が偽なので $\forall x \in X \quad P(x)$ は偽である。

演習 2.7

$$X_1 = \{1, 2, 3\}, \quad X_2 = \{3, 4, 5\}, \quad P(x) : x^2 - 10x + 24 \geq 0$$

とする[†]。このとき，$i = 1, 2$ に対して $\forall x \in X_i \quad P(x)$ を文章で記述せよ。さらに，各元に対して $P(x)$ の真偽を定めることによって，$\forall x \in X_i \quad P(x)$ の真偽を判定せよ。

† 本書では不等号の記号に $\leq$，$\geq$ を用いる。これらは高校までの数学で用いられている $\leqq$，$\geqq$ とそれぞれ同じ意味である。欧米では $\leq$，$\geq$ を用いるほうが主流で，国際的に流通している教科書や論文で $\leqq$，$\geqq$ を見ることはほとんどない。

$\forall x \in X \quad P(x)$ は集合 X の元が有限個でなく，元が無限にある場合にも用いられる。元が有限個の集合を**有限集合**，そうでない集合を**無限集合**という。無限集合の場合の $\forall x \in X \quad P(x)$ の真偽は有限集合の場合と同じで，集合 X の各元 x に対して $P(x)$ の真偽を確かめ，それらがすべて真なら $\forall x \in X \quad P(x)$ は真，そうでなければ偽である。しかしながら，無限集合の場合，有限の時間ですべての元に対して確かめることはできない。そこで，無限集合に対して $\forall x \in X \quad P(x)$ が真であることを示すには，$x \in X$ が任意に与えられたことを仮定し，その x に対して $P(x)$ が成り立つことを示せばよい。

例 2.1

$$X = [1, 2], \quad P(x) : (x-3)(x-4) > 0$$

のとき $\forall x \in X \quad P(x)$ は真である。このことは以下のように証明される。

証明　$x \in [1, 2]$ が任意に与えられたとする。このとき，$1 \leq x \leq 2$ が成り立つので

$$x - 3 \leq 2 - 3 = -1 < 0 \tag{2.29}$$

$$x - 4 \leq 2 - 4 = -2 < 0 \tag{2.30}$$

が成り立つ。よって，$(x-3)(x-4) > 0$ も成り立つ。x は任意であったので，任意の $x \in [1, 2]$ に対して $(x-3)(x-4) > 0$ が成り立つ。 □

演習 2.8

$$X = [1, 2], \quad P(x) : (x-3)(x+1) < 0$$

のとき，$\forall x \in X \quad P(x)$ が真であることを証明せよ。

上記と同様に，「任意の $x \in \mathbf{R}$ に対して $e^{-x} > 0$ である」は，どんな大きな実数 x を選んでも $e^{-x} > 0$ であるので真である。ここで，$\lim_{x \to \infty} e^{-x} = 0 \not> 0$ であ

るが，それにもかかわらず上記の命題は真である。このように，$\forall x \in X \quad P(x)$ あるいは「任意の $x \in X$ に対して $P(x)$ が成り立つ」という命題は，あくまでも X の各元に対して $P(x)$ の真偽を考えるものであり，X の極限まで考えるものではない。「どんなに x を大きくしても」ではなく，「どんな大きな実数を選んでも」と説明しているのは，「集合 X の各元 x に対して $P(x)$ を確かめる」の意味を明確にするためである。

一方，$\exists x \in X \quad P(x)$ については，集合 X の各元 x に対して $P(x)$ を確かめ，少なくとも一つの元に対して真なら $\exists x \in X \quad P(x)$ は真，そうでなければ偽である。よって，$X = \{x_1, \ldots, x_n\}$ のときには $\exists x \in X \quad P(x)$ は式 (2.26) と同じ命題である。$\exists x \in X \quad P(x)$ を文章で表記する場合には「ある $x \in X$ が存在して $P(x)$ である」などと表記する。日本語としては「$P(x)$ であるような $x \in X$ が存在する」といったほうが馴《な》染《じ》みがあるが，後述する理由から，特別な場合を除いてこのような表現はしない。また，「存在する」とあるが，これは「この世に存在する」という意味ではなく，あくまでも「X の中に存在する」の意味である。$\exists x \in X \quad P(x)$ の $\exists$ は「there Exists」の「E」に由来する記号で**存在記号**あるいは**存在限定子**と呼ばれている。

例えば $X = \{-1, 0, 1\}$ と式 (2.24) の述語の場合に対して $\exists x \in X \quad P(x)$ を文章で表記すると「ある $x \in \{-1, 0, 1\}$ が存在して x は正である」となる。その真偽は $(-1 > 0) \lor (0 > 0) \lor (1 > 0)$ で $1 > 0$ が真なので $\exists x \in X \quad P(x)$ も真である。一方，$X = \{-2, -1, 0\}$ の場合には，$(-2 > 0) \lor (-1 > 0) \lor (0 > 0)$ より $\exists x \in X \quad P(x)$ は偽である。

演習 2.9

$$X_1 = \{3, 4, 5\}, \quad X_2 = \{4, 5, 6\}, \quad P(x) : x^2 - 10x + 22 \geq 0$$

とする。このとき，$i = 1, 2$ に対して $\exists x \in X_i \quad P(x)$ を文章で記述せよ。さらに，各元に対して $P(x)$ の真偽を定めることによって，$\exists x \in X_i \quad P(x)$ の真偽を判定せよ。

$\exists x \in X \quad P(x)$ が真であることを示すには，$P(x)$ が真となる $x \in X$ を具体的に与えるか，あるいは別の何らかの方法で $x \in X$ が存在することを示せばよい。$x \in X$ を具体的に与えるためには，そのような x を発見しなければならない。ただし，$\exists x \in X \quad P(x)$ が真であることを示す証明には，通常，x を発見する手順は書かれない。例えば $X = \{-1, 0, 1\}$ と式 (2.24) の述語の場合の証明は「$x = 1 \in X$ に対して $P(1)$ が真なので $\exists x \in X \quad P(x)$ は真である」ということのみが書かれるだけである。これは，$x \in X$ が存在するか否かの問題と，そのような x を発見する方法の有無の問題は別の問題で，$x \in X$ が存在することは，それを発見する方法とは無関係に成立しうる事実だからである。

X が無限集合の場合も有限集合の場合と同様である。例えば $X = [-1, 1]$ と式 (2.24) の述語の場合には，$P(1)$ が真となるので $\exists x \in X \quad P(x)$ は真である。条件を満足する x は X の元である限り，どんなに大きくても，あるいはどんなに小さくても構わない。例えば $\exists x \in \mathbf{R} \quad x > 10^{10\,000\,000}$ は真である。実際，$x = 10^{10\,000\,000} + 1$ は条件を満足する。また，$\exists x \in \mathbf{R} \quad 0 < x < 10^{-10\,000\,000}$ も真である。実際，$x = 0.5 \times 10^{-10\,000\,000}$ は条件を満足する。この意味で数学における真偽は日常生活の感覚とは別物である。

例 2.2

$$X = [0, 5], \quad P(x) : x^2 - 6x + 9 \leq 0$$

に対して $\exists x \in X \quad P(x)$ が真であることの証明は以下のとおりである。

証明　$x = 3$ とすると $x \in X$ かつ $x^2 - 6x + 9 = 0 \leq 0$ である。よって，$\exists x \in X \quad P(x)$ は真である。 □

高校数学で扱われる証明問題はほとんどが「すべての …… に対して成り立つ」という種類の命題であったので，例 2.2 のように「…… が存在して …… が成り立つ」という種類の命題の証明は見慣れないかもしれない。こうした命題

は，ある方程式や不等式に解が存在すると主張する，存在するか否かを議論する際などによく用いられる。高校数学では解の有無が自明にわかるような簡単な式しか扱わないが，大学数学では解の存在が自明でない場合も多い。そのような場合，解があるか否か自体が重要な問いとなる。

演習 2.10

$$X = [0, 5], \quad P(x) : x^2 - 6x + 2 < 0$$

に対して $\exists x \in X \quad P(x)$ が真であることを証明せよ。

ド・モルガンの法則より，式 (2.25)，(2.26) それぞれの否定と同値な命題を与えることができる。

$$\neg(P(x_1) \wedge \cdots \wedge P(x_n)) \quad \Leftrightarrow \quad (\neg P(x_1)) \vee \cdots \vee (\neg P(x_n)) \tag{2.31}$$

$$\neg(P(x_1) \vee \cdots \vee P(x_n)) \quad \Leftrightarrow \quad (\neg P(x_1)) \wedge \cdots \wedge (\neg P(x_n)) \tag{2.32}$$

これらは以下の関係が成り立つことを意味している。

$$\neg(\forall x \in X \quad P(x)) \quad \Leftrightarrow \quad \exists x \in X \quad \neg P(x) \tag{2.33}$$

$$\neg(\exists x \in X \quad P(x)) \quad \Leftrightarrow \quad \forall x \in X \quad \neg P(x) \tag{2.34}$$

式 (2.33)，(2.34) は，$\forall$ と $\exists$ を入れ替え，さらに，述語 $P(x)$ を $\neg P(x)$ に変更するだけで $\forall$ や $\exists$ の否定を構成できることを示している。すなわち，「任意の $x \in X$ に対して $P(x)$ である」の否定は「ある $x \in X$ が存在して $\neg P(x)$ である」となり，「ある $x \in X$ が存在して $P(x)$ である」の否定は「任意の $x \in X$ に対して $\neg P(x)$ である」となる。この関係は（有限，無限を問わず）任意の X に対して成り立つ。このように，$\forall$ と $\exists$ は表裏一体の関係にある。

ここで「ある $x \in X$ が存在して $\neg P(x)$ である」を「ある $x \in X$ が存在して $P(x)$ ではない」と表記してはならない。なぜなら，後者は

ある $x \in X$ が存在して「$P(x)$ ではない」 (2.35)

「ある $x \in X$ が存在して $P(x)$」ではない (2.36)

のいずれの意味にもとれるためである。式 (2.35) は $\exists x \in X \quad \neg P(x)$ と同値であり，一方，式 (2.36) は $\neg(\exists x \in X \quad P(x))$，すなわち $\forall x \in X \quad \neg P(x)$ と同値である。このことから，式 (2.35) と式 (2.36) は意味が異なることがわかる。よって，$\neg P(x)$ を文章で表記する場合には，あいまいさが生じないように表現する必要がある。例えば，「任意の $x \in \mathbf{R}$ に対して $f(x) = 0$ である」の否定を「ある $x \in \mathbf{R}$ が存在して $f(x) \neq 0$ である」のように表現すればあいまいさは生じない。

演習 2.11　以下の命題の否定をそれぞれ作れ。

(1)　任意の $x \in \{1, 2, 3\}$ に対して $x > 0$ である。

(2)　ある $x \in \{1, 2, 3\}$ が存在して $x < 0$ である。

否定を作る際，集合 X は変更しない。命題が $\forall x \in X \quad P(x)$，$\exists x \in X \quad P(x)$ のように集合を明記して記述されていれば，この点を間違えることはないであろう。しかしながら，数学の教科書によっては命題が「任意の $x > 0$ に対して $P(x)$ が成り立つ」などと表記されることがある。この「$x > 0$」は述語ではなく，x の候補を考える範囲を示すものである。すなわち，上記の命題をより詳しく書くと「任意の $x \in (0, \infty)$ に対して $P(x)$ である」である。よって，その否定は「ある $x \in (0, \infty)$ が存在して $\neg P(x)$ である」すなわち「ある $x > 0$ が存在して $\neg P(x)$ である」であり，「ある $x \leq 0$ が存在して $\neg P(x)$ である」ではないことに注意されたい。

式 (2.33) より，$\forall x \in X \quad P(x)$ が偽であることを示すには，$\exists x \in X \quad \neg P(x)$ が真であることを示せばよい。これは反例を挙げることに他ならない。

演習 2.12　以下の命題が偽であることを証明せよ。

(1)　任意の $x \in \mathbf{R}$ に対して $x > 0$ である。

(2)　任意の $x > 0$ に対して $x^2 - 3x + 2 > 0$ である。

一方で，式 (2.34) より，$\exists x \in X \quad P(x)$ が偽であることを示すためには $\forall x \in X \quad \neg P(x)$ が真である，すなわち，すべての候補に対して $\neg P(x)$ であることを示さなければならない。

演習 2.13　以下の命題が偽であることを証明せよ。

(1)　ある $x \in \mathbf{R}$ が存在して $x^2 < 0$ である。

(2)　ある $x > 0$ が存在して $x^2 + 3x + 2 < 0$ である。

2.3　複数の変数に依存する述語

前節では変数が一つの場合の述語を扱った。これまでに挙げた例を見れば，1変数に依存する述語を用いた命題は高校数学でも扱われていたことがわかるであろう。ただし，高校数学では論理の構造が明確には表現されていない。限定子と述語という視点で高校数学の説明を見直せば，その内容や意味をより明確に理解することができる。

一方，大学数学では複数の変数に依存する述語を用いた命題が頻繁に扱われる。その際，それぞれの変数ごとに全称記号 ∀，存在記号 ∃ を考える。例えば大学数学の最初のほうで集合の**上界**という概念を学ぶが，それは以下のように定義される。

定義 2.1

ある集合 A が与えられ，A の元はすべて実数であるとする。このとき，ある $K \in \mathbf{R}$ が存在して，任意の $x \in A$ に対して $x \leq K$ が成り立つとき，A は上に有界であるという。また，そのような条件を満足する K を A の上界という。

定義 2.1 における述語は「$x \leq K$」であり，K，x の二つの変数が用いられている。さらに K については存在記号 ∃，x については全称記号 ∀ が用いられている。上記の文章の読み方（あるいは理解の仕方）を知らなければ上界の概念を正確に理解することはできない。逆に読み方さえ理解できていれば，定義を理解することが可能である。以降では，まず述語が二つの変数に依存する場合の命題の読み方を説明する。2 変数の場合がわかれば，三つ以上の変数に依存する場合の理解は容易である。

変数 x, y に依存する述語 $P(x,y)$ と集合 X, Y が与えられたとき，例えば，次の命題を考えることができる。

$$\forall x \in X \quad \exists y \in Y \quad P(x,y) \tag{2.37}$$

この命題の意味は

$$\forall x \in X \quad (\exists y \in Y \quad P(x,y)) \tag{2.38}$$

である。例えば $X=\{x_1,x_2\}$, $Y=\{y_1,y_2\}$ のとき，$\forall x \in X \quad \exists y \in Y \quad P(x,y)$ は以下の命題と同値である。

$$\begin{aligned} &\forall x \in X \quad \exists y \in Y \quad P(x,y) \\ &\quad \Leftrightarrow \quad \forall x \in \{x_1,x_2\} \quad (\exists y \in \{y_1,y_2\} \quad P(x,y)) \\ &\quad \Leftrightarrow \quad \forall x \in \{x_1,x_2\} \quad P(x,y_1) \vee P(x,y_2) \\ &\quad \Leftrightarrow \quad (P(x_1,y_1) \vee P(x_1,y_2)) \wedge (P(x_2,y_1) \vee P(x_2,y_2)) \end{aligned} \tag{2.39}$$

解釈の順番を説明したのは，$\forall$, $\exists$ による限定の順番が変わると命題の意味が変わるためである。例えば，$\forall x \in X \quad \exists y \in Y \quad P(x,y)$ とは限定の順序を入れ替えた

$$\exists y \in Y \quad \forall x \in X \quad P(x,y) \tag{2.40}$$

を考える。$X=\{x_1,x_2\}$, $Y=\{y_1,y_2\}$ のとき，$\exists y \in Y \quad \forall x \in X \quad P(x,y)$ は以下の命題と同値である。

$$\begin{aligned} &\exists y \in Y \quad \forall x \in X \quad P(x,y) \\ &\quad \Leftrightarrow \quad \exists y \in \{y_1,y_2\} \quad (\forall x \in \{x_1,x_2\} \quad P(x,y)) \\ &\quad \Leftrightarrow \quad \exists y \in \{y_1,y_2\} \quad P(x_1,y) \wedge P(x_2,y) \\ &\quad \Leftrightarrow \quad (P(x_1,y_1) \wedge P(x_2,y_1)) \vee (P(x_1,y_2) \wedge P(x_2,y_2)) \end{aligned} \tag{2.41}$$

式 (2.41) は式 (2.39) とは異なる命題である。実際，$P(x,y)$ の真偽が**表 2.5** で与えられた場合，式 (2.39) は

$$\begin{aligned}&(P(x_1,y_1)\vee P(x_1,y_2))\wedge(P(x_2,y_1)\vee P(x_2,y_2))\\&\quad\Leftrightarrow\quad(\mathrm{T}\vee\mathrm{F})\wedge(\mathrm{F}\vee\mathrm{T})\quad\Leftrightarrow\quad\mathrm{T}\wedge\mathrm{T}\quad\Leftrightarrow\quad\mathrm{T}\end{aligned}\tag{2.42}$$

であるのに対し，式 (2.41) は

$$\begin{aligned}&(P(x_1,y_1)\wedge P(x_2,y_1))\vee(P(x_1,y_2)\wedge P(x_2,y_2))\\&\quad\Leftrightarrow\quad(\mathrm{T}\wedge\mathrm{F})\vee(\mathrm{F}\wedge\mathrm{T})\quad\Leftrightarrow\quad\mathrm{F}\vee\mathrm{F}\quad\Leftrightarrow\quad\mathrm{F}\end{aligned}\tag{2.43}$$

となって両者は同値ではない。すなわち，$\forall x\in X\quad\exists y\in Y\quad P(x,y)$ と $\exists y\in Y\quad\forall x\in X\quad P(x,y)$ は同値ではない。

表 2.5　$P(x,y)$ の真偽 ①

$P(x,y)$	$y=y_1$	$y=y_2$
$x=x_1$	T	F
$x=x_2$	F	T

$\forall x\in X\quad\exists y\in Y\quad P(x,y)$ と $\exists y\in Y\quad\forall x\in X\quad P(x,y)$ が同値ではない理由は，命題を真にする y を与えるときに，y の許されるとり方が異なるためである。$\forall x\in X\quad\exists y\in Y\quad P(x,y)$ では，各 $x\in X$ が与えられたあとで，$P(x,y)$ を真にする $y\in Y$ の有無を考える。よって，このときの y は x ごとに異なっていてもよい。一方，$\exists y\in Y\quad\forall x\in X\quad P(x,y)$ では，各 y を仮に定めたあとで，$\forall x\in X\quad P(x,y)$ の成否を考えることになる。よって，$\exists y\in Y\quad\forall x\in X\quad P(x,y)$ の y は x に応じて変えることはできない，あるいは y はすべての x に対して共通でなければならない。

表 2.5 の場合，各 x ごとに，少なくとも一つ $P(x,y)$ を真にする y が存在する。よって，$\forall x\in X\quad\exists y\in Y\quad P(x,y)$ は真である。一方，x に依存しない，共通の y で $P(x,y)$ が真となることはない。よって，$\exists y\in Y\quad\forall x\in X\quad P(x,y)$ は偽である。$P(x,y)$ の真偽が**表 2.6** で与えられる場合には，$y=y_1$ とすると

表 **2.6**　$P(x,y)$ の真偽 ②

$P(x,y)$	$y=y_1$	$y=y_2$
$x=x_1$	T	F
$x=x_2$	T	F

$\forall x \in X \quad P(x,y_1)$ が真となる。よって，$\exists y \in Y \quad \forall x \in X \quad P(x,y)$ は真である。ちなみに，このときには $\forall x \in X \quad \exists y \in Y \quad P(x,y)$ も真となる。このように，限定子の順序によって，存在記号のついた変数の許されるとり方が異なる。

演習 2.14　$X=\{1,3,5\}$，$Y=\{2,4\}$ とする。このとき，以下の命題をそれぞれ $\wedge$，$\vee$ を用いて書き下したうえで，それぞれの真偽を判定せよ。

(1)

$$\forall x \in X \quad \exists y \in Y \quad |x-y| \leq 1 \tag{2.44}$$

(2)

$$\exists y \in Y \quad \forall x \in X \quad |x-y| \leq 1 \tag{2.45}$$

限定子の順序を変えると意味が変わることから，命題を文章で表現する際には限定子の順序が明確になるように表現しなければならない。そのため，$\forall x \in X \quad \exists y \in Y \quad P(x,y)$，$\exists y \in Y \quad \forall x \in X \quad P(x,y)$ を文章で表現する際には，それぞれ

任意の $x \in X$ に対して，ある $y \in Y$ が存在して $P(x,y)$ である　(2.46)

ある $y \in Y$ が存在して，任意の $x \in X$ に対して $P(x,y)$ である　(2.47)

と表現する。日本語としては不自然な感じがするかもしれないが，だからといってこれを

$$\text{任意の } x \in X \text{ に対して } P(x,y) \text{ であるような } y \in Y \text{ が存在する} \tag{2.48}$$

と表現してはならない。なぜならば，これが $\forall x \in X \quad \exists y \in Y \quad P(x,y)$，$\exists y \in Y \quad \forall x \in X \quad P(x,y)$ のいずれを意味するかあいまいになるからである。実際，式 (2.48) を

$$\text{任意の } x \in X \text{ に対して「} P(x,y) \text{ であるような } y \in Y \text{ が存在する」} \tag{2.49}$$

と解釈すれば $\forall x \in X \quad \exists y \in Y \quad P(x,y)$ の意味になるが，一方で

$$\text{「任意の } x \in X \text{ に対して } P(x,y) \text{ である」ような } y \in Y \text{ が存在する} \tag{2.50}$$

と解釈すれば $\exists y \in Y \quad \forall x \in X \quad P(x,y)$ の意味になる。このようなあいまいさを避けるため，日本語としては馴染みがないかもしれないが式 (2.46)，(2.47) のように表現する。

上界の定義（定義 2.1）の核心部分は次式である。

$$\exists K \in \mathbf{R} \quad \forall x \in A \quad x \leq K \tag{2.51}$$

このとき，$\exists K$ は $\forall x$ より前にあるので K は x に依存してはならない。よって，定義 2.1 は「(x に依存しない）ある $K \in \mathbf{R}$ があって，集合 A のどの元 $x \in A$ もその K 以下であるとき，A は上に有界（大きいほうに限りがある）であるという」ことを定めている。命題の読み方がわかれば，ごくあたりまえのことを定義していることがわかるであろう。

演習 2.15　以下の命題をそれぞれ文章で表現せよ。

(1)

$$\forall x \in X \quad \exists y \in Y \quad f(x,y) > 0 \tag{2.52}$$

(2)

$$\exists y \in Y \quad \forall x \in X \quad f(x, y) > 0 \tag{2.53}$$

演習 2.16　以下の命題をそれぞれ記号で表現せよ。

(1)　任意の $x \in X$ に対して，ある $y \in Y$ が存在して $g(x, y)$ は実数である。

(2)　ある $y \in Y$ が存在して，任意の $x \in X$ に対して $g(x, y)$ は実数である。

$\forall x \in X \quad \exists y \in Y \quad P(x, y)$，$\exists y \in Y \quad \forall x \in X \quad P(x, y)$ が真であることを証明するためには，条件を満足する y が存在することを示す必要がある。このとき，y を具体的に与えることで示すためには，そのような y をあらかじめ発見しておかなければならない。ただし，変数が一つの場合と同様に，y の求め方は証明には書かれない。y を発見できていれば，証明は命題の順を追って記述するだけである。

例 2.3　「任意の $x \in \mathbf{R}$ に対して，ある $y \in \mathbf{R}$ が存在して $e^x < y$ が成り立つ」の証明を与えたい。このとき，y は x に依存して選んでよいので，例えば $y = e^x + 1$ を選べばよい。証明は以下のように記述すればよい。

証明　$x \in \mathbf{R}$ が任意に与えられたものとする。このとき，$y = e^x + 1$ とすれば $y \in \mathbf{R}$ かつ $e^x < y$ が成り立つ。　□

例 2.4　「ある $y \in \mathbf{R}$ が存在して，任意の $x \in \mathbf{R}$ に対して $e^x > y$ が成り立つ」の証明を与えたい。このとき，y は x とは無関係に選ばなければならず，例えば $y = -1$ とすれば条件を満足する。証明は以下のように記述すればよい。

証明　$y = -1$ とすると，明らかに $y \in \mathbf{R}$ である。このとき，任意の $x \in \mathbf{R}$ に対して $e^x > y$ が成り立つ。　□

例 2.3，2.4 いずれにおいても，y を発見する部分は証明の準備として行っていて，証明そのものには入っていないことに注意されたい。また，それぞれの証明は命題の順を追って記述されている。

演習 2.17　命題「任意の $x \in \mathbf{R}$ に対して，ある $y \in \mathbf{R}$ が存在して $y > x^2$ である」が真であることを証明せよ。

演習 2.18　命題「ある $y \in \mathbf{R}$ が存在して，任意の $x \in [-100, 100]$ に対して，$y > x^2$ である」が真であることを証明せよ。

1 変数の場合と同様に，2 変数の場合にも $\forall x \in X \quad \exists y \in Y \quad P(x, y)$ や $\exists y \in Y \quad \forall x \in X \quad P(x, y)$ が偽であることを証明するためには，それらの否定が真であることを証明すればよい。ここで，$\forall x \in X \quad \exists y \in Y \quad P(x, y)$，$\exists y \in Y \quad \forall x \in X \quad P(x, y)$ の否定はそれぞれ

$$
\begin{aligned}
&\neg(\forall x \in X \quad \exists y \in Y \quad P(x, y)) \\
&\quad \Leftrightarrow \quad \neg(\forall x \in X \quad (\exists y \in Y \quad P(x, y))) \\
&\quad \Leftrightarrow \quad \exists x \in X \quad \neg(\exists y \in Y \quad P(x, y)) \\
&\quad \Leftrightarrow \quad \exists x \in X \quad \forall y \in Y \quad \neg P(x, y) \qquad (2.54)
\end{aligned}
$$

$$
\begin{aligned}
&\neg(\exists y \in Y \quad \forall x \in X \quad P(x, y)) \\
&\quad \Leftrightarrow \quad \neg(\exists y \in Y \quad (\forall x \in X \quad P(x, y))) \\
&\quad \Leftrightarrow \quad \forall y \in Y \quad \neg(\forall x \in X \quad P(x, y)) \\
&\quad \Leftrightarrow \quad \forall y \in Y \quad \exists x \in X \quad \neg P(x, y) \qquad (2.55)
\end{aligned}
$$

である。2 変数の場合にも，否定は $\forall$ と $\exists$ を入れ替え，$P(x, y)$ を $\neg P(x, y)$ に変更するだけでよい。

例 2.5　命題「任意の $x \in \mathbf{R}$ に対して，ある $y > 0$ が存在して $x^2 > y$ である」が偽であることを証明したい。命題の否定は「ある $x \in \mathbf{R}$ が存在して，任意の $y > 0$ に対して $x^2 \leq y$ である」である。

証明　$x = 0 \in \mathbf{R}$ とすると，任意の $y > 0$ に対して $x^2 = 0 \leq y$ が成り立つ。よって，命題は偽である。 □

例 2.6　命題「ある $x \in \mathbf{R}$ が存在して，任意の $y \in \mathbf{R}$ に対して $y > x^2$ である」が偽であることを証明したい。命題の否定は「任意の $x \in \mathbf{R}$ に対して，ある $y \in \mathbf{R}$ が存在して $y \leq x^2$ である」である。

証明　$x \in \mathbf{R}$ が任意に与えられたとする。このとき，$y = x^2 - 1$ とすると $y \in \mathbf{R}$ で $y \leq x^2$ を満足する。よって，命題は偽である。 □

演習 2.19　以下の命題が偽であることをそれぞれ証明せよ。

(1)　任意の $x \in \mathbf{R}$ に対して，ある $y \in [0,\ 1]$ が存在して $y > x^2 + 3x + 2$ である。

(2)　ある $x > 0$ が存在して，任意の $y \in \mathbf{R}$ に対して $x > y^2 + 3y + 2$ である。

$\forall x \in X \quad \exists y \in Y \quad P(x,y)$ と $\exists y \in Y \quad \forall x \in X \quad P(x,y)$ は異なる命題であり，$\forall$ と $\exists$ の順序を勝手に入れ替えてはならない。一方，$\forall$ 同士，$\exists$ 同士は順序を入れ替えても構わない。すなわち，$\forall x \in X \quad \forall y \in Y \quad P(x,y)$ と $\forall y \in Y \quad \forall x \in X \quad P(x,y)$ は同値な命題である。同様に，$\exists x \in X \quad \exists y \in Y \quad P(x,y)$ と $\exists y \in Y \quad \exists x \in X \quad P(x,y)$ も同値な命題である。

演習 2.20　$X = \{x_1, x_2\}$，$Y = \{y_1, y_2\}$ のとき，以下の関係が成り立つことを $\wedge$，$\vee$ を用いて証明しなさい。

$$\forall x \in X \ \ \forall y \in Y \quad P(x,y) \quad \Leftrightarrow \quad \forall y \in Y \ \ \forall x \in X \quad P(x,y) \qquad (2.56)$$

$$\exists x \in X \ \ \exists y \in Y \quad P(x,y) \quad \Leftrightarrow \quad \exists y \in Y \ \ \exists x \in X \quad P(x,y) \qquad (2.57)$$

上記の関係は 2 変数の場合に限らず，3 変数以上の場合にも成り立つ。一般に，述語が n 個の変数 $z_1, \ldots, z_n$ に依存する場合，Q_i（$i = 1, \ldots, n$）が $\forall$ あるいは $\exists$ を指すものとすると

$$\mathrm{Q}_1 z_1 \in Z_1 \quad \cdots \quad \mathrm{Q}_{n-1} z_{n-1} \in Z_{n-1} \quad \mathrm{Q}_n z_n \in Z_n \quad P(z_1, \ldots, z_{n-1}, z_n) \tag{2.58}$$

は次式の意味である。

$$\mathrm{Q}_1 z_1 \in Z_1 \quad (\cdots (\mathrm{Q}_{n-1} z_{n-1} \in Z_{n-1} \\ (\mathrm{Q}_n z_n \in Z_n \quad P(z_1, \ldots, z_{n-1}, z_n))) \cdots) \tag{2.59}$$

よって，命題が

$$\cdots \ \mathrm{Q}_{i-1} z_{i-1} \in Z_{i-1} \quad \exists z_i \in Z_i \quad \mathrm{Q}_{i+1} z_{i+1} \in Z_{i+1} \quad \cdots \quad P(z_1, \ldots, z_n) \tag{2.60}$$

と与えられているとき，z_i は $z_1, \ldots, z_{i-1}$ に依存してもよいが，$z_{i+1}, \ldots, z_n$ に依存してはならない。$z_1, \ldots, z_{i-1}$ の限定子は，それぞれ $\forall$，$\exists$ のいずれであっても構わない。また，一般には限定子の順序を勝手に変えてはならないが†，隣合う $\forall$ 同士，$\exists$ 同士は順序を交換しても命題は同値である。

式 (2.58) の命題の否定は

$$\neg(\mathrm{Q}_1 z_1 \in Z_1 \ \cdots \ \mathrm{Q}_{n-1} z_{n-1} \in Z_{n-1} \quad \mathrm{Q}_n z_n \in Z_n \quad P(z_1, \ldots, z_{n-1}, z_n)) \\ \Leftrightarrow \quad \bar{\mathrm{Q}}_1 z_1 \in Z_1 \ \cdots \ \bar{\mathrm{Q}}_{n-1} z_{n-1} \in Z_{n-1} \quad \bar{\mathrm{Q}}_n z_n \in Z_n \\ \neg P(z_1, \ldots, z_{n-1}, z_n) \tag{2.61}$$

である。ただし，Q_i が $\forall$ のとき $\bar{\mathrm{Q}}_i$ は $\exists$ であり，Q_i が $\exists$ のとき $\bar{\mathrm{Q}}_i$ は $\forall$ である。

---

† 「一般には○○ではない」は「『一般に○○である』ではない」の意味である。すなわち，全称記号の否定の意味であるので，○○に対する反例があることを意味している。そのため，○○が成り立つ場合があることを否定するものではない。すべての場合で「○○でない」というときには，「一般に○○でない」と表現される。表現上はわずかな差異であるが，意味が異なることに注意されたい。

2.4　命題論理 part II

ここでは二つの命題から新たな命題を構成する演算子 $\Rightarrow$ について説明する。$A \Rightarrow B$ は日本語では「A ならば B である」と表現される命題である。$A \Rightarrow B$ という形の命題は多いので，その意味をおおよそ把握している人は多いであろう。$A \Rightarrow B$ の真理値表は**表 2.7** のとおりである。表 2.7 の上側 2 行については問題ないであろう。一方，表 2.7 を初めて見る人は下側 2 行の定義に違和感を感じるかもしれない。下側 2 行は A が偽であれば B にかかわらず $A \Rightarrow B$ は真であることを意味している。

表 2.7　$\Rightarrow$ の真理値表

A	B	$A \Rightarrow B$
T	T	T
T	F	F
F	T	T
F	F	T

$A \Rightarrow B$ を表 2.7 のように定義する理由は以下のとおりである。命題 $A \Rightarrow B$ を用いるとき，A が偽であるときにはそもそも $A \Rightarrow B$ の真偽には関心がない。なので，その場合の真偽は都合のよいように，あるいは不都合がないように定めればよい。この発想は 0 の階乗を $0! = 1$ と定めるのと同様である。$A \Rightarrow B$ を表 2.7 のように定めると，例えば次の命題

$$\forall x \in \{-5, -2, 1, 2\} \quad (x > 0 \quad \Rightarrow \quad x^2 < 5) \tag{2.62}$$

は真となる。式 (2.62) の命題では $x \leq 0$ の x も命題の真偽に関係している。しかしながら，$x \leq 0$ のとき $x > 0$ は偽であるので $(x > 0) \Rightarrow (x^2 < 5)$ は真である。よって，このような x は式 (2.62) の真偽には本質的には影響を与えず，式 (2.62) の真偽は $x > 0$ を満足する x に対する真偽で決まる。実際，$P(x)$ を

$$P(x):\ \ x > 0 \ \ \Rightarrow \ \ x^2 < 5 \tag{2.63}$$

とすると，式 (2.62) は $P(-5) \wedge P(-2) \wedge P(1) \wedge P(2)$ と同値である。ここで，$P(-5) \Leftrightarrow \mathrm{T}$，$P(-2) \Leftrightarrow \mathrm{T}$ であることから

$$\begin{aligned} & P(-5) \wedge P(-2) \wedge P(1) \wedge P(2) \\ & \quad \Leftrightarrow \quad \mathrm{T} \wedge \mathrm{T} \wedge P(1) \wedge P(2) \\ & \quad \Leftrightarrow \quad P(1) \wedge P(2) \end{aligned} \tag{2.64}$$

が成り立つ。よって，式 (2.62) の真偽は $x = 1$，$x = 2$ に対する真偽で決まる。このように，$A \Rightarrow B$ を表 2.7 のように定めると，x を $A(x)$ が真となる範囲より拡大して考えても $A \Rightarrow B$ の真偽が変わらないので便利である。

演習 2.21　$X = \{1, 3, 4, 5, 8\}$ のとき，次の命題が真であることを式 (2.25) と式 (2.27) の関係および表 2.7 に基づいて証明せよ。

$$\forall x \in X \quad (「x \text{ が偶数」} \ \ \Rightarrow \ \ (x > 3)) \tag{2.65}$$

A が偽のとき $A \Rightarrow B$ が真であることから，$A \Rightarrow B$ が真であることを証明するためには，A が真のとき B が真であることを示せばよい。例えば演習 2.21 の場合には，以下のように証明してもよい。

証明　$x \in X$ が偶数ならば x は $x = 4$，$x = 8$ のいずれかである。どちらの場合も $x > 3$ が成り立つ。よって命題は真である。　□

演習 2.22　実数 $x \in \mathbf{R}$ が $x > 2$ を満足するならば $x^2 - 2x > 0$ であることを証明せよ。

$A \Rightarrow B$ が真であるとき，B が真であるためには A が真であれば十分である。このことから A は B が真であるための**十分条件**であるという。逆に，$A \Rightarrow B$ が真ならば，A が真であるとき B は必ず真となる。よって，B が偽であれば A は真ではありえない。すなわち，A が真であるためには，少なくとも B は真

である必要がある。このことから B は A が真であるための**必要条件**であるという。

$A \Leftrightarrow B$ は $A \Rightarrow B$ かつ $B \Rightarrow A$ と同値である。実際，**表 2.8** より，両者が同値であることがわかる。よって $A \Leftrightarrow B$ において，B は A が真であるための必要条件であり，かつ十分条件でもある。このことから，$A \Leftrightarrow B$ が真のとき「B は A が真であるための**必要十分条件**である」あるいは「A は B が真であるための必要十分条件である」という。

表 2.8　$A \Rightarrow B$，$B \Rightarrow A$，$A \Leftrightarrow B$ の真理値表

A	B	$A \Rightarrow B$	$B \Rightarrow A$	$(A \Rightarrow B) \wedge (B \Rightarrow A)$	$A \Leftrightarrow B$
T	T	T	T	T	T
T	F	F	T	F	F
F	T	T	F	F	F
F	F	T	T	T	T

$A \Leftrightarrow B$ が真であることを証明するには，$A \Rightarrow B$ が真であることと $B \Rightarrow A$ が真であることを両方証明しなければならない。高校までの数学では，ほとんどが同値な関係だけで証明できるものであったが，一般には同値な関係だけで同値性を証明できる場合は稀《まれ》である。

必要十分条件であることを証明する際，個々の証明は $\Rightarrow$ の向きに応じて**十分性**の証明，**必要性**の証明などと区別して呼ばれる。ここで，十分性，必要性が具体的に何を示しているかは主張の書き方に依存する。

「B は A が真であるための必要十分条件である」
（あるいは「A が真であるための必要十分条件は B である」）

というとき，それは

「B は A が真であるための必要条件および十分条件である」
（あるいは「A が真であるための必要条件は B であり，十分条件も B である」）

を意味している。すなわち，最初の命題は

「B は必要条件である」
（あるいは「必要条件は B である」）

と

「B は十分条件である」
（あるいは「十分条件は B である」）

の両方を意味している。よって，この場合に十分性といえば，それは $B \Rightarrow A$ のことを指している。同様に必要性といえば $A \Rightarrow B$ のことを指している。逆に，もし

「A は B が真であるための必要十分条件である」
（あるいは「B が真であるための必要十分条件は A である」）

といった場合には，十分性は $A \Rightarrow B$，必要性は $B \Rightarrow A$ のことをそれぞれ指している。命題の主語に応じて十分性，必要性が指すものが変わるので注意されたい。

例 2.7　自然数 a，$b \in \mathbf{N}$ に対して，a を b で割った商を $q \in \mathbf{N}$，あまりを $r \in \mathbf{N}$ とする。すなわち，$a = bq + r$ である。このとき，a，b がともに自然数 $m \in \mathbf{N}$ で割り切れるための必要十分条件は b，r がともに m で割り切れることである。この証明を与える。このときの十分性は「b，r がともに m で割り切れるなら a，b がともに m で割り切れる」であり，必要性はその逆である。

証明

（十分性の証明）b，r がともに m で割り切れるとする。このとき，ある自然数 b'，r' が存在して $b = b'm$，$r = r'm$ が成り立つ。これより，$a = bq + r = (b'q + r')m$ が成り立つので a は m で割り切れる。よって，a，b はともに m で割り切れる。

（必要性の証明）a，b がともに m で割り切れるとする。このとき，ある自然数 a'，b' が存在して $a = a'm$，$b = b'm$ が成り立つ。これより，$r = a - bq = (a' - b'q)m$ が成り立つので r は m で割り切れる。よって，b，r はともに m で割り切れる。　□

例 2.7 の証明は十分性と必要性をそれぞれ別々に証明している。これで例 2.7 の証明になっていることは感覚的には理解できるであろう。しかしながら，例 2.7 で示されている命題は単に $A \Leftrightarrow B$ の関係だけで成り立っているわけではなく，もう少し複雑な構造を有している。よって，厳密にいえば，その証明は単に十分性，必要性に分けるだけでよいわけではなく，命題の構造に応じて構成する必要がある。そこで，例 2.7 の命題の構造を解析することで，例 2.7 の証明に求められる要件を考えてみよう。特に，例 2.7 の命題の構造は数学では典型的なものなので，この解析は他の多くの命題の証明に有用である。

例 2.7 は一つの命題であるが，複数の命題の組合せでもある。まず，「このとき」の前と後はそれぞれ個別の命題である。「このとき」の前に書かれている命題

P：「自然数 a，$b \in \mathbf{N}$ に対して，a を b で割った商を $q \in \mathbf{N}$，あまりを $r \in \mathbf{N}$ とする。すなわち，$a = bq + r$ である」

は例 2.7 が設定している仮定である。一方，「このとき」の後に書かれている命題

Q：「a，b がともに自然数 $m \in \mathbf{N}$ で割り切れるための必要十分条件は b，r がともに m で割り切れることである」

は例 2.7 が主に主張したい命題である。よって，例 2.7 全体は「P が成り立つと仮定すると Q が成り立つ」すなわち $P \Rightarrow Q$ という構造になっている。このように，仮定と主張の関係も $\Rightarrow$ である。

さらに，命題 Q は

R：「a，b がともに自然数 $m \in \mathbf{N}$ で割り切れる」

と

S：「b, r がともに m で割り切れる」

が互いに必要十分条件である，すなわち「$R \Leftrightarrow S$」であることを主張する命題である。よって，例 2.7 は

$$P \quad \Rightarrow \quad (R \Leftrightarrow S) \tag{2.66}$$

という構造の命題である。このように，例 2.7 は単に $R \Leftrightarrow S$ というだけの命題ではなく，「P が成り立つという前提のもとで $R \Leftrightarrow S$」という構造になっている。

式 (2.66) を証明するためには何を示せばよいであろうか？　後に示すが式 (2.66) の命題は次式と等価である。

$$((P \wedge R) \Rightarrow S) \wedge ((P \wedge S) \Rightarrow R)) \tag{2.67}$$

実際，例 2.7 の十分性，必要性で示しているのは $S \Rightarrow R$, $R \Rightarrow S$ ではなく，それぞれ $(P \wedge S) \Rightarrow R$, $(P \wedge R) \Rightarrow S$ である。

式 (2.66) と式 (2.67) の等価性は $\Rightarrow$ に関するいくつかの事実を用いて示すことができる。まず，次の関係は $\Rightarrow$ に関する事実を示す際に有用である。

$$A \Rightarrow B \quad \Leftrightarrow \quad (\neg A) \vee B \tag{2.68}$$

演習 2.23　式 (2.68) が成り立つことを真理値表を用いて証明せよ。

式 (2.68) の関係を用いると，$\Rightarrow$ に関する以下の事実を真理値表を用いずに示すことができる。

$$(A \wedge B) \Rightarrow C \quad \Leftrightarrow \quad A \Rightarrow (B \Rightarrow C) \tag{2.69}$$

$$\Leftrightarrow \quad B \Rightarrow (A \Rightarrow C) \tag{2.70}$$

$$A \Rightarrow (B \wedge C) \quad \Leftrightarrow \quad (A \Rightarrow B) \wedge (A \Rightarrow C) \tag{2.71}$$

$$(A \vee B) \Rightarrow C \quad \Leftrightarrow \quad (A \Rightarrow C) \wedge (B \Rightarrow C) \tag{2.72}$$

$$A \Rightarrow (B \vee C) \quad \Leftrightarrow \quad (A \wedge \neg B) \Rightarrow C \tag{2.73}$$

$$\Leftrightarrow \quad (A \wedge \neg C) \Rightarrow B \tag{2.74}$$

式 (2.69) ～ (2.74) の意味は以下の通りである。式 (2.69) は「A かつ B が成り立つ」と仮定することは，「A が成り立つ。さらに，B も成り立つ」を仮定することと同じであることを意味している。A と B の対称性から，これは式 (2.70) の「B が成り立つ。さらに，A も成り立つ」と仮定することとも同じである。式 (2.71) の意味は式から明らかであろう。

式 (2.72) は「A または B が成り立つとき，C が成り立つ」を証明する場合には，A と B の場合に分け，いずれの場合においても C が成り立つことを証明すればよいことを示している。高校数学ではこの置き換えを感覚的に行っていたと思うが，式 (2.72) はその置き換えが正しい置き換えであることを示している。

式 (2.73) は「A が成り立つとき，B または C の少なくとも一方が成り立つ」ことと，「A が成り立ち，かつ B が成り立たないならば C が成り立つ」ことが等価であることを意味している。左から右（$\Rightarrow$）は感覚的にも理解しやすいであろう。実際には，右から左（$\Leftarrow$）の関係も成り立つ。B と C の対称性から，B と C を入れ替えたものが式 (2.74) である。

式 (2.68) を用いると，式 (2.69) が成り立つことは以下のように示される。

$$\begin{aligned}
&(A \wedge B) \Rightarrow C \\
&\quad \Leftrightarrow \quad (\neg(A \wedge B)) \vee C \quad \Leftrightarrow \quad \neg A \vee \neg B \vee C \\
&\quad \Leftrightarrow \quad \neg A \vee (\neg B \vee C) \quad \Leftrightarrow \quad \neg A \vee (B \Rightarrow C) \\
&\quad \Leftrightarrow \quad A \Rightarrow (B \Rightarrow C)
\end{aligned} \tag{2.75}$$

演習 2.24　式 (2.68) を用いて，式 (2.71) ～ (2.73) が成り立つことを示せ。

以上の結果を用いると，式 (2.66) と式 (2.67) が等価であることを示すことができる。具体的には以下の通りである。

$$
\begin{aligned}
&P \Rightarrow (R \Leftrightarrow S) \\
&\quad\Leftrightarrow\quad P \Rightarrow ((R \Rightarrow S) \wedge (S \Rightarrow R)) \\
&\quad\Leftrightarrow\quad (P \Rightarrow (R \Rightarrow S)) \wedge (P \Rightarrow (S \Rightarrow R)) \\
&\quad\Leftrightarrow\quad ((P \wedge R) \Rightarrow S) \wedge ((P \wedge S) \Rightarrow R)
\end{aligned} \tag{2.76}
$$

演習 2.25　$a,\ b \in \mathbf{R}$ とする。このとき，2 次方程式 $x^2 + ax + b = 0$ の解の実部がすべて負となるための必要十分条件は $a > 0$ かつ $b > 0$ が成り立つことである。これを証明せよ（解が実数あるいは共役複素数になることを用いてよい）。

命題 $A \Rightarrow B$ の証明は正攻法でできる場合ばかりではなく，他の証明方法が必要になる場合が多い。他の証明方法は $\Rightarrow$ に関する事実から得られる。

命題 $A,\ B,\ C$ に関して $A \Rightarrow B,\ B \Rightarrow C$ がいずれも真であるとき，$A \Rightarrow C$ が成り立つ。すなわち，次の命題は真である。

$$
(A \Rightarrow B) \wedge (B \Rightarrow C) \quad\Rightarrow\quad A \Rightarrow C \tag{2.77}
$$

この関係は $A \Rightarrow C$ を直接証明することが困難な場合，別の命題 B を経由して証明する方法もあることを示している。

式 (2.68) を用いると，式 (2.77) が真であることを以下のように示すことができる。

$$
\begin{aligned}
&[(A \Rightarrow B) \wedge (B \Rightarrow C) \quad\Rightarrow\quad (A \Rightarrow C)] \\
&\quad\Leftrightarrow\quad [\neg((A \Rightarrow B) \wedge (B \Rightarrow C))] \vee (A \Rightarrow C) \\
&\quad\Leftrightarrow\quad \neg[((A \Rightarrow B) \wedge (B \Rightarrow C)) \wedge \neg(A \Rightarrow C)] \\
&\quad\Leftrightarrow\quad \neg[(\neg A \vee B) \wedge (\neg B \vee C) \wedge (A \wedge \neg C)] \\
&\quad\Leftrightarrow\quad \neg[(\neg A \vee B) \wedge A \wedge (\neg B \vee C) \wedge \neg C] \\
&\quad\Leftrightarrow\quad \neg[(\mathrm{F} \vee (B \wedge A)) \wedge ((\neg B \wedge \neg C) \vee \mathrm{F})] \\
&\quad\Leftrightarrow\quad \neg[B \wedge A \wedge \neg B \wedge \neg C] \\
&\quad\Leftrightarrow\quad \neg[\mathrm{F} \wedge A \wedge \neg C] \quad\Leftrightarrow\quad \neg\mathrm{F} \quad\Leftrightarrow\quad \mathrm{T}
\end{aligned} \tag{2.78}
$$

式 (2.68) よりさらに以下の関係も得られる。

$$\begin{aligned} A \Rightarrow B \quad &\Leftrightarrow \quad (\neg A) \vee B \\ &\Leftrightarrow \quad (\neg(\neg B)) \vee (\neg A) \\ &\Leftrightarrow \quad (\neg B) \Rightarrow (\neg A) \end{aligned} \tag{2.79}$$

式 (2.79) の最後の $(\neg B) \Rightarrow (\neg A)$ は $A \Rightarrow B$ の**対偶**と呼ばれる命題である。式 (2.79) は $A \Rightarrow B$ とその対偶が同値であることを意味している。よって，$A \Rightarrow B$ が真であることを証明するには，その対偶が真であることを証明してもよい。

例 2.8　b，c を実数とするとき，命題「$b^2 - 4c < 0$ ならば，任意の $x \in \mathbf{R}$ に対して $x^2 + bx + c > 0$ である」の対偶は，「ある $x \in \mathbf{R}$ が存在して $x^2 + bx + c \leq 0$ が成り立つならば $b^2 - 4c \geq 0$ である」となる。これが真であることは以下のように証明できる。

証明　$x_0 \in \mathbf{R}$ に対して $x_0^2 + bx_0 + c \leq 0$ が成り立つとする。このとき

$$\left(x_0 + \frac{b}{2}\right)^2 - \frac{b^2}{4} + c \leq 0 \tag{2.80}$$

すなわち

$$b^2 - 4c \geq 4\left(x_0 + \frac{b}{2}\right)^2 \geq 0 \tag{2.81}$$

が成り立つ。　□

対偶が真なので,「$b^2 - 4c < 0$ ならば, 任意の $x \in \mathbf{R}$ に対して $x^2 + bx + c > 0$ である」は真である。

演習 2.26　a，$b \in \mathbf{R}$ を少なくとも一方は 0 ではない実数，c を実数とする。さらに，x-y 平面上の点 A (p, q) と直線 $ax + by = c$ を考える。点 (x_0, y_0) は直線上の点とする。このとき，点 (x_0, y_0) が点 A から最も近い直線上の点であるならば $b(p - x_0) - a(q - y_0) = 0$ が成り立つ。この命題の対偶を示し，それが真であることを証明せよ。

対偶を用いると命題を証明する別の方法を与えることができる。$\Rightarrow$ の定義より次の関係が得られる。

$$A \quad \Leftrightarrow \quad (\mathrm{T} \Rightarrow A) \tag{2.82}$$

演習 2.27 式 (2.82) の同値性を式 (2.68) を用いて証明せよ。

式 (2.82) の対偶をとることにより，さらに次の関係が得られる。

$$A \quad \Leftrightarrow \quad ((\neg A) \Rightarrow \mathrm{F}) \tag{2.83}$$

式 (2.83) は A が真であることと，A が偽と仮定すると偽，すなわち何らかの矛盾が生じることが同値であることを意味している。よって，A の否定を仮定して，その結果，何らかの矛盾が生じれば A が真であることを示したことになる。このような証明法を**背理法**という。背理法での矛盾は結論と $\neg A$ との関係に限らず，どんな矛盾であっても構わない。

「$\sqrt{2}$ は無理数である」は背理法で証明される典型的な命題である。これを背理法で証明するには，$\sqrt{2}$ が有理数であると仮定すると矛盾が生じることを示せばよい。証明は以下のとおりである。

証明 $\sqrt{2}$ が有理数ならば $\sqrt{2}$ を既約な分数で $\sqrt{2} = n/m$ と書くことができる。ただし，$m,\ n \in \mathbf{N}$ である。これより $2m^2 = n^2$ が成り立つので n は 2 の倍数である。$n = 2n'$ とすると $n^2 = 4(n')^2 = 2m^2$，すなわち $m^2 = 2(n')^2$ である。よって，m も 2 の倍数である。これは n/m が既約であることに矛盾する。 □

演習 2.28 素数は無限に存在することを背理法を用いて証明せよ。

背理法を用いて $A \Rightarrow B$ を証明するときには $\neg(A \Rightarrow B)$ を仮定する。$(A \Rightarrow B) \Leftrightarrow ((\neg A) \vee B)$ であることから $\neg(A \Rightarrow B)$ は

$$\begin{aligned} \neg(A \Rightarrow B) \quad &\Leftrightarrow \quad \neg((\neg A) \vee B) \\ &\Leftrightarrow \quad A \wedge (\neg B) \end{aligned} \tag{2.84}$$

と同値である。よって，A かつ $\neg B$ を仮定したときに矛盾が生じることを示せば $A \Rightarrow B$ が真であることを証明したことになる。

例 2.9 d, n を自然数としたとき,「ある $x,\ y \in \mathbf{Z}$ が存在して $dx+ny=1$ が成り立つならば，d と n は互いに素である」を証明したい。これを背理法で証明するには「ある $x,\ y \in \mathbf{Z}$ が存在して $dx+ny=1$ が成り立ち，かつ d と n は公約数 $m>1$（$m \in \mathbf{N}$）をもつ」ならば矛盾が生じることを示せばよい。具体的には以下のように証明できる。

証明 $dx+ny=1$ が成り立ち，かつ d と n は公約数 $m>1$ をもつとする。d と n が公約数 $m>1$ をもつことから，ある $d',\ n' \in \mathbf{N}$ が存在して $d=d'm$, $n=n'm$ が成り立つ。このとき，$dx+ny=(d'x+n'y)m$ が成り立つので，$dx+ny$ は $m>1$ で割り切れる。一方，1 は $m>1$ では割り切れない。よって，矛盾が生じる。 □

演習 2.29 $a_1,\ a_2,\ b_1,\ b_2 \in \mathbf{R}$ とし $b_1 \neq b_2$ とする。このとき，$a_1=a_2$ ならば直線 $y=a_1x+b_1,\ y=a_2x+b_2$ は平行である。これを背理法を用いて証明せよ（ヒント：平行でなければ交点をもつことを用いる)。

$\Rightarrow$ は命題 $\exists x \in X \quad P(x)$ において，$P(x)$ を満足する x が唯一であることを示す際にも用いられる。少なくとも一つ $x \in X$ が存在するというだけでなく，そのような x が唯一であることは

$$P(x) \wedge P(y) \quad \Rightarrow \quad (x=y) \tag{2.85}$$

が成り立つことである。これを $x,\ y$ の範囲を明確にして書くと

$$\forall x, y \in X \quad (P(x) \wedge P(y) \quad \Rightarrow \quad (x=y)) \tag{2.86}$$

である。

例 2.10　$a \in \mathbf{R}$ が 0 でない実数，$b \in \mathbf{R}$ が実数のとき，$a\,x = b$ の解は唯一である。実際，x_1，x_2 がいずれも $a\,x = b$ の解である，すなわち

$$a\,x_1 = b, \quad a\,x_2 = b \tag{2.87}$$

であるとする。このとき，$a\,x_1 = a\,x_2$ で $a \neq 0$ より $x_1 = x_2$ が成り立つ。よって，解は唯一である。

演習 2.30　$x^3 = 1$ の実数解は唯一であることを証明せよ。

2.5　述語論理を用いた命題とその意図

命題の定義の際に説明したように，値が「大きい」「小さい」という文は真偽を定められないので命題にはならない。一方で

「どんなに大きな実数に対しても，それより大きな実数が存在する」　(2.88)

も「大きな」という表現を用いているが，これは明らかに真である。すなわち，式 (2.88) は命題である。これを述語論理で表現することはできないであろうか？

式 (2.88) に具体的な変数名を書き入れて

「どんなに大きな実数 x に対しても，x より大きな実数 y が存在する」　(2.89)

としてみよう。式 (2.89) の後半は $\exists y \in \mathbf{R} \quad x < y$ と書くことができるので，式 (2.89) を

「どんなに大きな $x \in \mathbf{R}$ に対しても $\exists y \in \mathbf{R} \quad x < y$」　(2.90)

と書くこともできる。ここで，式 (2.90) は

$$\forall x \in \mathbf{R} \quad \exists y \in \mathbf{R} \quad x < y \tag{2.91}$$

と同値である。実際，式 (2.91) が成り立つとき，$\exists y \in \mathbf{R} \quad x < y$ が任意の $x \in \mathbf{R}$ に対して成り立つ。このとき，どんな大きな $x \in \mathbf{R}$ に対しても $\exists y \in \mathbf{R} \quad x < y$ が成り立つ。すなわち，式 (2.91) ならば式 (2.90) である。逆に，式 (2.90) が成り立つ，すなわち，ある x_* 以上のすべての x に対して $\exists y \in \mathbf{R} \quad x < y$ が成り立ったとする。このとき，x_* に対して，ある $y_* \in \mathbf{R}$ が存在して $x_* < y_*$ が成り立つ。このときさらに，$x < x_*$ を満足する任意の $x \in \mathbf{R}$ に対して $x < x_* < y_*$ が成り立つ。すなわち，x_* 未満のすべての x に対しても $\exists y \in \mathbf{R} \quad x < y$ が成り立つ。以上のことは式 (2.91) を意味する。よって，式 (2.90) と式 (2.91) は同値である。

同様にして

「どんなに小さな正の実数に対しても，それより小さな正の実数が存在する」　(2.92)

は

$$\forall x > 0 \quad \exists y > 0 \quad y < x \tag{2.93}$$

と同値である。

演習 2.31　式 (2.92) と式 (2.93) が同値であることを説明せよ。

以上のことは「どんなに大きな $x \in \mathbf{R}$ に対しても」あるいは「どんな小さな $x > 0$ に対しても」という，一見感覚的な条件を，式 (2.91)，(2.93) のような述語で等価に表現できることを示している。逆にいえば，式 (2.91)，(2.93) の命題を示す意図はそれぞれ式 (2.88)，(2.92) を主張することであるということもできる。この関係を踏まえると，例えば式 (2.91)，(2.93) などの命題が仮定や定義に用いられたとき，それらを仮定する理由を理解できるようになる。

式 (2.91)，(2.93) の他にも，全称記号と存在記号を組み合わせることで別の感覚的な条件を表現することができる。例えば不等式 $y > 1$ を考えよう。$y > 1$

は1より大きなどの y に対しても成り立つ。すなわち，ある値より大きなすべての y に対して $y>1$ が成り立つ。この事実は「ある y_* が存在して，任意の $y>y_*$ に対して $y>1$ が成り立つ」，すなわち

$$\exists y_* \in \mathbf{R} \quad \forall y > y_* \quad y > 1 \tag{2.94}$$

と表わすことができる。$\exists y_* \in \mathbf{R} \quad \forall y > y_*$ が表す状況を一般に「十分大きな y に対して成り立つ」という。このいい方を用いると，式 (2.94) は「十分大きな y に対して $y>1$ が成り立つ」と表現される。逆に「十分大きな y に対して成り立つ」ことを表現したければ，$\exists y_* \in \mathbf{R} \quad \forall y > y_*$ を用いればよい。

演習 2.32　「十分小さな y に対して $y<1$ が成り立つ」を述語論理を用いて表現せよ。

高校数学では極限を感覚的に定義しているが，大学数学ではそれを述語を用いた命題で定義する。具体的には，$\lim_{n\to\infty} a_n = a_*$ は次の命題が成り立つことと定義されている。

$$\forall \varepsilon > 0 \quad \exists N \in \mathbf{N} \quad \forall n \geq N \quad |a_n - a_*| < \varepsilon \tag{2.95}$$

ε はイプシロンというギリシャ文字である。式 (2.95) を一目見ただけでは，これが極限の定義としてふさわしいものとは思えないかもしれない。

式 (2.95) の述語は

$$|a_n - a_*| < \varepsilon \tag{2.96}$$

である。この条件がある $\varepsilon_1 > 0$ で成り立てば，つまり $|a_n - a_*| < \varepsilon_1$ が成り立てば，ε_1 より大きな $\varepsilon > 0$ に対しては

$$|a_n - a_*| < \varepsilon_1 < \varepsilon \tag{2.97}$$

となって式 (2.96) が成り立つ。このように，式 (2.96) は ε を大きくする方向には成り立つ。一方，ε を小さくする方向に成り立つとは限らない。このことか

ら，式 (2.95) の命題の意図は「$\varepsilon > 0$ をどんなに小さくとっても」という点にあることがわかる。

式 (2.95) の命題の「$\forall\varepsilon > 0$」以降の条件を取り出すと

$$\exists N \in \mathbf{N} \quad \forall n \geq N \quad |a_n - a_*| < \varepsilon \tag{2.98}$$

である。式 (2.98) は「十分大きな n に対して $|a_n - a_*| < \varepsilon$ が成り立つ」を意味している。

以上のことから，式 (2.95) の命題の意図は

> どんなに小さな $\varepsilon > 0$ が与えられても，(それに応じた) 十分大きな $n \in \mathbf{N}$ に対して $|a_n - a_*| < \varepsilon$ が成り立つ。

となる。「(それに応じた)」があるのは，N が ε に依存することによる。この意図が収束を示すものであることは**図 2.1** よりわかる。図 2.1 は以下の様子を表している。

- $\varepsilon_1 > 0$ に対しては N_1 以上の任意の n で $|a_n - a_*| < \varepsilon$ が成り立つ。
- ε_1 より小さな $\varepsilon_2 > 0$ に対しても，N_1 より大きな N_2 以上の任意の n で $|a_n - a_*| < \varepsilon_2$ が成り立つ。

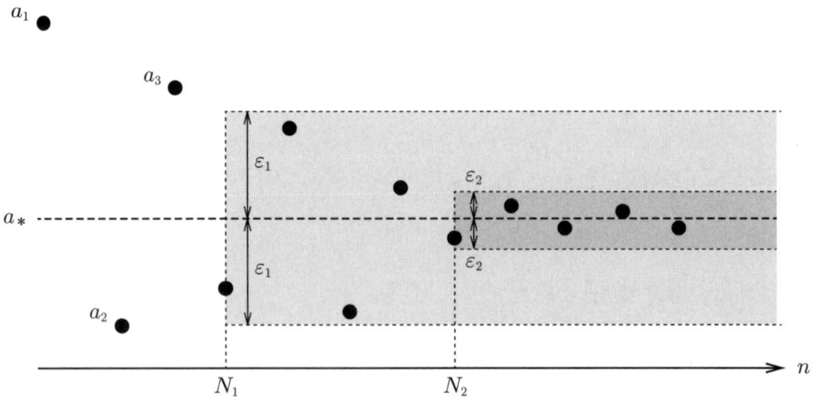

図 2.1　数列の収束

$\varepsilon > 0$ をどのように小さくとっても同じことがいえれば a_n が $n \to \infty$ で a_* に収束しているといってもよいであろう。これが式 (2.95) を $\lim_{n\to\infty} a_n = a_*$ の定義としている理由である。

演習 2.33　$a_n = 1/n$，$a_* = 0$ とする。

(1)　$\varepsilon = 0.3$ のとき式 (2.98) が成り立つことを証明せよ。

(2)　式 (2.95) が成り立つことを証明せよ。

演習 2.34　$\lim_{n\to\infty} a_n = \infty$ の定義は

$$\forall K \in \mathbf{R} \quad \exists N \in \mathbf{N} \quad \forall n \geq N \quad a_n > K \tag{2.99}$$

である。式 (2.99) を「どんな大きな（小さな）」「十分大きな（小さな）」などを用いて表現しなさい。

式 (2.95) の定義は単に形式を厳密にするためだけに設けられているわけではなく，実際に必要があって設けられている。式 (2.95) の定義を用いることで，例えば以下の命題を証明することが可能となる。

事実 2.1

与えられた数列 a_n（$n \in \mathbf{N}$）に対して $\lim_{n\to\infty} a_n = a_*$ が成り立つものとする。このとき，次式も成り立つ。

$$\lim_{n\to\infty} \left(\frac{1}{n} \sum_{k=1}^{n} a_k \right) = a_* \tag{2.100}$$

事実 2.1 は数列が $n \to \infty$ で a_* に収束すれば，その n 項までの平均値も $n \to \infty$ で a_* に収束することを意味している。式 (2.100) 左辺の括弧内の式は**チェザロ平均**（Cesàro mean）と呼ばれている。

直感的には事実 2.1 が成り立つと予想できるが，高校数学の極限の定義ではおそらく事実 2.1 を証明することはできない。ここで「おそらく」といっているのは証明できないことが証明されていないからであり，決して意見が分かれているからというわけではない。

一方，式 (2.95) の定義に基づけば事実 2.1 を証明することができる。証明すべきものを明確にするには，事実 2.1 を式 (2.95) の定義で書き下せばよい。以下の命題は式 (2.95) を用いて事実 2.1 を等価な命題に書き替えたものである。

事実 2.2

与えられた数列 a_n（$n \in \mathbf{N}$）に対して

$$\forall \varepsilon > 0 \quad \exists N \in \mathbf{N} \quad \forall n \geq N \quad |a_n - a_*| < \varepsilon \tag{2.101}$$

が成り立つものとする。このとき，次式も成り立つ。

$$\forall \varepsilon > 0 \quad \exists N \in \mathbf{N} \quad \forall n \geq N \quad \left| \left(\frac{1}{n} \sum_{k=1}^{n} a_k \right) - a_* \right| < \varepsilon \tag{2.102}$$

式 (2.101) と式 (2.102) では同じ記号が使用されている。これらの式はそれぞれ別の命題であるので，そこで使われている記号も別のものである。例えば式 (2.101) の ε と式 (2.102) の ε は同じ記号を使っているが互いに無関係な別のものである。事実 2.2 のままでも問題はないのであるが，別の記号であることを明確にするために式 (2.102) に使われている記号を別の記号に変えておこう。

事実 2.3

与えられた数列 a_n（$n \in \mathbf{N}$）に対して

$$\forall \varepsilon > 0 \quad \exists N \in \mathbf{N} \quad \forall n \geq N \quad |a_n - a_*| < \varepsilon \tag{2.103}$$

が成り立つものとする。このとき，次式も成り立つ。

$$\forall e > 0 \quad \exists M \in \mathbf{N} \quad \forall m \geq M \quad \left| \left(\frac{1}{m} \sum_{k=1}^{m} a_k \right) - a_* \right| < e \tag{2.104}$$

高校数学の定義と式 (2.95) に基づく定義との大きな違いは，後者では式 (2.103) の N を式 (2.104) の証明に使えることである。式 (2.103) の N は $\varepsilon > 0$ に依存して変えてもよいので，実際には $N(\varepsilon)$ という関数を証明に使えるということになる。

参考のために事実 2.3 の証明を示しておく。

証明　式 (2.103) が成り立つものとする。任意に $e > 0$ が与えられたとして $\varepsilon = e/2$ とする。この ε に対して，式 (2.103) の $\forall n \geq N \quad |a_n - a_*| < \varepsilon$ を満足する $N \in \mathbf{N}$ を $N(\varepsilon)$ とする。この $N(\varepsilon)$ に対して

$$M > \max\left\{\frac{1}{\varepsilon}\sum_{k=1}^{N(\varepsilon)}|a_k - a_*|,\ N(\varepsilon)\right\} \tag{2.105}$$

を満足する $M \in \mathbf{N}$ が存在する。このとき，任意の $m \geq M$ に対して

$$\frac{1}{m}\sum_{k=1}^{N(\varepsilon)}|a_k - a_*| < \varepsilon, \quad m \geq N(\varepsilon) + 1 \tag{2.106}$$

が成り立つので次式が成り立つ。

$$\begin{aligned}\left|\left(\frac{1}{m}\sum_{k=1}^{m}a_k\right) - a_*\right| &= \left|\frac{1}{m}\sum_{k=1}^{m}(a_k - a_*)\right| \\ &\leq \frac{1}{m}\sum_{k=1}^{m}|a_k - a_*| \\ &= \frac{1}{m}\sum_{k=1}^{N(\varepsilon)}|a_k - a_*| + \frac{1}{m}\sum_{k=N(\varepsilon)+1}^{m}|a_k - a_*| \\ &< \varepsilon + \frac{m - N(\varepsilon)}{m}\varepsilon \leq 2\varepsilon = e \end{aligned} \tag{2.107}$$

よって，式 (2.104) が成り立つ。　□

上記の証明は式 (2.104) の順番どおりになっていることに注意されたい。

2.6　大学数学で用いられる記号

大学数学ではギリシャ文字がよく用いられる。通常のアルファベットでは文字が足りないという理由でも使われるが，通常の変数とは意味がやや異なる変数

として用いられる場合もある。前節で用いた ε はその例である。大学数学でよく用いられるギリシャ文字を**表 2.9** に示す。各ギリシャ文字は表 2.9 の「関連する文字」にある英字のアルファベットに関連して用いられることが多い。「関連する文字」とギリシャ文字は文字の由来の意味で対応しているとは限らないので注意されたい。

大学数学ですべてのギリシャ文字が用いられているわけではない。ギリシャ文字の大文字のうち，A, B, E, K, M, N, P, T, H, Z, X は英字のアルファベットと同じ文字なので，これらがギリシャ文字として用いられることはない。

表 2.9 大学数学でよく用いられるギリシャ文字

大文字	小文字	読み方	関連する文字
A	α	アルファ	a
B	β	ベータ	b
Γ	γ	ガンマ	c, g
Δ	δ	デルタ	d
E	ε, ϵ	イプシロン	e
K	κ	カッパ	k
Λ	λ	ラムダ	l
M	μ	ミュー	m
N	ν	ニュー	n
Π	π	パイ	p
P	ρ, ϱ	ロー	r
Σ	σ, ς	シグマ	s
T	τ	タウ	t
Ξ	ξ	グザイ，クシー	x
H	η	エータ，イータ	y
Z	ζ	ゼータ，ツェータ	z
Θ	θ, ϑ	シータ	
Φ	ϕ, φ	ファイ，フィー	
Ψ	ψ	プサイ，プシー	
Ω	ω	オメガ	
X	χ	カイ	

Σ, Π は和，積の記号として，π は円周率の記号として用いられるので，変数の記号として用いられることは少ない。なお，表にある文字の他にイオタ，オミクロン，ウプシロンもあるが，これらが使われることはほとんどないので省略してある。

ギリシャ文字以外に，文字の修飾も用いられる。中でも $\hat{(\cdot)}$，$\bar{(\cdot)}$，$\tilde{(\cdot)}$ が大学数学でよく用いられる。例えば a に対して用いると $\hat{a}$，$\bar{a}$，$\tilde{a}$ であり，それぞれ a ハット，a バー，a チルダといわれる。

2.7　数学における定義の役割

事実 2.3 の証明のように，ある数列の収束性を用いて別の数列の収束性を証明しようとするときには，式 (2.95) の定義がしばしば必要となる。この例に限らず，すべての証明の根拠は公理と定義である。このことを，より身近な例を用いて詳しく説明しよう。

実数のいくつかの元（有限個でも無限個でもよい）からなる集合 A が与えられたとする。このとき，A に上界が存在したとしても A に最大値が存在するとは限らない。例えば $A = (0, 2)$ とする。このとき，3 は A の上界であるので A には上界が存在する。一方，A に最大値は存在しない。このことを確認するために，最大値（あるいは最小値）の定義を振り返っておこう。

定義 2.2

A は実数の元からなる集合とする。このとき，次の条件

$$\forall x \subset A \quad x \leq M \ \ (m \leq x) \tag{2.108}$$

を満足する $M \in A$ $(m \in A)$ を A の**最大値**（**最小値**）といい，$M = \max A$ $(m = \min A)$ と書く。

定義 2.2 にあるように，A の最大値（最小値）は A の元でなければならない。2 は $(0, 2)$ の元ではないので，$(0, 2)$ の上界ではあるが最大値ではない。

集合 $(0,2)$ に最大値が存在しないことを証明してみよう。あたりまえすぎて証明しようがないと思うかもしれないが，証明は可能である。

証明　$x \in (0,2)$ が任意に与えられたとする。このとき，$0 < x < 2$ であるので

$$y = \frac{x+2}{2} \tag{2.109}$$

は $(0,2)$ の元で，かつ $x < y$ である。よって，x は $(0,2)$ の最大値ではない。$x \in (0,2)$ は任意の元でよかったので，$(0,2)$ に最大値は存在しない。　□

上記の証明からわかるように，最大値が存在しないことは最大値の定義に基づいて証明されている。これは，最大値が何であるかは最大値の定義以外にその根拠がないためである。

高校数学で「『定義』は用語の意味を定めるもの」という説明を受けた人も多いと思う。この説明でも間違いというわけではないが，肝心な点が説明されておらず，説明不足であるように思われる。「定義」によって本当に定義されているものは，その用語で指し示される概念やしくみのほうである。

定義 2.2 でいえば，定義されているものは「式 (2.108) を満足する $M \in A$ $(m \in A)$」という概念（あるいは考え方，視点）であり，「最大値」あるいは「最小値」という用語は定義されたものにつけられた名前に過ぎない。「式 (2.108) を満足する $M \in A$ $(m \in A)$」というものがそもそもあって，それに「最大値」あるいは「最小値」という名前をつけたのではないことに注意されたい。そうではなく，数学的には定義 2.2 によってはじめて「式 (2.108) を満足する $M \in A$ $(m \in A)$」という概念が生じたのである。このことを踏まえれば，最大値に関する事実の根拠は最大値の定義以外にないことが理解できるであろう。

定義によって概念やしくみがはじめて生じるというと，それに違和感を感じるかもしれない。定義によって何かが生じるのは，数学が自然現象ではなく，人工物だからである。ただし，単なる人工物ではなく，自然のしくみを精巧にまねた人工物である。その意味で数学は CG（コンピュータグラフィックス）や彫刻と同じである。ただし，CG や彫刻は自然の見た目をまねているが，数学

は自然のしくみをまねている[†1]。人工物であるために，あらかじめ備わっているものはなく，何かを作らない限り何も存在しない。公理や定義が与えられて，はじめて数学の世界に概念やしくみが生み出されるのである。実際，自然数や実数も定義された人工物であり，あらかじめ存在しているものではない。その詳細を知りたい読者は文献 2) を参照されたい。

人工物であるので，定義をどのように与えようと自由である。ただし，その定義が他の定義と整合しているか否か，またその定義が有用か否かは別の問題である。稀に，従来の定義と整合しない新たな定義から新たな体系が生まれる場合もある。非ユークリッド幾何と呼ばれるものはその代表例である（文献 3) を参照)。しかしながら，ほとんどの場合，他の定義と矛盾する定義は捨て去られることになる。さらに，新たな定義自体に問題はなくとも，その定義が他の人に共感されて，使用してもらえるか否かも別の問題である。

現在，数学の教科書に掲載されている定義は，長い年月と多くの人の検証に耐えて有用性が認められた結果，生き残っているものである。そうした定義は，自然をまねるうまいしくみを思いつくことに成功した成果（あるいは作品）である。このように，大学数学で学ぶ定義は単なる用語の約束ではなく，それ自体が発明である[†2]。大学数学で定義を学ぶ際には，そのような視点で見る必要がある。

大学数学で学ぶ定義の巧妙さを具体例で実感してみよう。最大値にはならないが，$(0,2)$ に対する 2 は最大値に近い性質をもつものであり，それ自体重要なものである。そこで，このような値を定義したい。では，どのように定義すればよいであろうか？　「最大値のようなもの」では定義にならない。有用な定義とするためには，少なくとも証明に使えるような形で定義する必要がある。大学数学では上記の値を以下のように定義している。

---

†1　映画「Beautiful Mind」で主人公の数学者 John Nash が「Mathematics is very specific and an art form（数学はとてもきっちりしたもので，なおかつそれは一つの芸術だ)」と言うシーンがある。数学がどの意味で芸術なのかについてはさまざまな議論があるが，この言葉の背景には明らかに数学が人工物であるとの認識がある。

†2　数学者は発明といわず，発見というそうである。

定義 2.3

A は実数の元からなる集合とする。このとき，以下の条件

- s は A の上界である。
- 任意の $\varepsilon > 0$ に対して，ある $x \in A$ が存在して $s - \varepsilon < x$ が成り立つ。

を満足する s を A の**上限**といい，$s = \sup A$ と書く。

上限は最大値をより一般化したものである。上限 s の一つ目の条件は s が A の上界であることを意味している。一方，二つ目の条件は s より小さい任意の実数 $s - \varepsilon$ は A の上界にならないことを意味している。これが，$(0, 2)$ に対する 2 を特徴づける定義である。

上限の定義から，上限は上界の最小値であることが予想される。これは正しい予想である。

事実 2.4

s を集合 A の上限とする。このとき，s は A の最小の上界である。

事実 2.4 を証明するには，s が A の上界の集合の最小値であることを示せばよい。

証明　上限の定義より s は明らかに A の上界である。ここで，s が最小の上界ではないと仮定すると矛盾が生じることを示す。s が最小の上界ではないとすると，s より小さな A の上界 r が存在する。このとき，$r < s$ が成り立つので $\varepsilon = s - r > 0$ である。上限の定義より，ある $x \in A$ が存在して

$$x > s - \varepsilon = s - (s - r) = r \tag{2.110}$$

が成り立つ。式 (2.110) は r が A の上界であることに矛盾する。よって，s は最小の上界である。 □

事実 2.4 の証明も上限の定義に基づいて与えられている。このようになるの

は，前述したように上限の拠《よ》り所は上限の定義以外にないためである。逆にいえば，そもそも証明は定義に基づいて組み立てるものである。よって，証明に使える材料は証明しようとする命題が決まった時点で揃っている。後は，使える材料を用いて証明を構成するのみである。証明はある意味でパズルである。

演習 2.35 2 は集合 $(0,2)$ の上限であることを証明せよ。

数学が人工物であるからといって，その存在意義の大きさはいささかもゆるがない。現代の高度な科学や技術は数学無しには成し得ない。また，例えば定義が単純だからといって，そこから得られる成果も単純とは限らない。例えば上限の定義から次の事実を示すことができる。

事実 2.5

s を集合 A の上限とする。このとき，s に収束する A 上の数列が存在する。

証明 任意の $k \in \mathbf{N}$ に対して $1/2^k > 0$ である。s が A の上限であるので，任意の $k \in \mathbf{N}$ に対して，ある $x_k \in A$ が存在して $x_k > s - 1/2^k$ が成り立つ。また，$x_k \leq s$ も成り立つ。よって，任意の $k \in \mathbf{N}$ に対して $|x_k - s| < 1/2^k$ が成り立つ。よって，x_k（$k \in \mathbf{N}$）は $k \to \infty$ で s に収束する A 上の数列である。 □

このように，与えられたものが単純だからといって，そこから得られるものも単純とは限らない。むしろ，そこからどのような成果が得られるかは，それを見る人が何を見通せるか次第である。

第3章

集合を使いこなせるようになろう

3.1 集合の定義

第1章で集合を導入したとき，$X = \{1, 2, 3\}$ のように元を列挙して集合を定義する方法を示した。集合を定義する方法は他にもある。例えば

$$S = \{1, 3, 5, \ldots\} \tag{3.1}$$

のように，誤解なく元を類推できる場合には，元を省略して書くこともできる。しかしながら，こうした方法では元の間に規則性がない場合や，そもそも元が陽にわからない場合に集合を定義することができない。

これに対し，集合を述語を用いて

$$S = \{x \,|\, x \in X,\ P(x)\} \tag{3.2}$$

あるいは

$$S = \{x : x \in X,\ P(x)\} \tag{3.3}$$

のように定義することができる。式 (3.2) あるいは式 (3.3) の集合 S は，X に属し，かつ，$P(x)$ が真となるような元 x をすべて集めたものである。式 (3.2) と式 (3.3) の違いは，元と条件の区切りを「 | 」とするか「 : 」とするかの違いである。どちらの流儀も用いられるが，本書では「 | 」を用いる。式 (3.2) はより簡単に

$$S = \{x \in X \,|\, P(x)\} \tag{3.4}$$

と書かれることも多い。

式 (3.2) ∼ (3.4) 右辺の記号「x」は集合を定義するために一時的に用いられた記号であり，それは右辺のかっこ $\{\quad\}$ の内部でしか意味をもたない。よって，x を別の記号に置き換えても数学的な意味は同じである。すなわち

$$S = \{z \,|\, z \in X,\ P(z)\} \tag{3.5}$$

$$S = \{c \,|\, c \in X,\ P(c)\} \tag{3.6}$$

はいずれも式 (3.2) と同じ集合を定義している。

述語を用いることで，元の間に規則性がない場合や，そもそも元を陽に書けない場合にも集合を定義することができる。大学数学では元が陽にわからない集合も頻繁に扱われ，さらに，それらが等しい／等しくないなどの論証が行われる。例えば，$x_1, \ldots, x_n$ を変数とする連立方程式

$$\begin{aligned} a_{11}\,x_1 + \cdots + a_{1n}\,x_n &= b_1 \\ &\vdots \\ a_{m1}\,x_1 + \cdots + a_{mn}\,x_n &= b_m \end{aligned}$$

の解の集合と，左辺は同じで右辺 $b_1, \ldots, b_m$ をすべて 0 にした連立方程式

$$\begin{aligned} a_{11}\,x_1 + \cdots + a_{1n}\,x_n &= 0 \\ &\vdots \\ a_{m1}\,x_1 + \cdots + a_{mn}\,x_n &= 0 \end{aligned}$$

の解の集合との関係が，係数 a_{ij} や n，m の値を具体的に与えることなく議論される。以降では，元が陽にわからないままでも論証を進めるための考え方や方法を説明する。

定義から，x が式 (3.2) の集合に属していることは $(x \in X) \wedge P(x)$ が成り立つことと同値である。すなわち

$$x \in S \quad \Leftrightarrow \quad (x \in X) \wedge P(x) \tag{3.7}$$

が成り立つ。式 (3.2) の x が右辺のかっこ内でしか通用しないものであることから，$x \in S$ と書いたときの x は式 (3.2) 右辺の x とは別物である。そもそも，S の元は x と書かなければならないわけではなく，$y \in S$，$b \in S$ など用いる記号は何でもよい。$y \in S$ は $(y \in X) \wedge P(y)$ と同値である。$b \in S$ も同様である。

例えば，$S = \{x \in \mathbf{R} \,|\, x^2 - 2x - 3 = 0\}$ とすると $-1 \in S$ である。これが真であることは，$-1 \in \mathbf{R}$ であり，かつ $x = -1$ のとき $x^2 - 2x - 3 = (-1)^2 - 2 \cdot (-1) - 3 = 0$ が成り立つことから示される。

演習 3.1　$S = \{x \in \mathbf{R} \,|\, x^2 - 2x - 3 < 0\}$ とする。このとき，$1 \in S$ であることを証明せよ。

「すべて」集めたものであるので，式 (3.7) の $\Leftarrow$ も成り立つことに注意されたい。例えば集合 S を

$$S = \{x \in \mathbf{N} \,|\, x \text{ は素数である}\} \tag{3.8}$$

とする。このとき，$y \in \mathbf{N}$ で y が素数なら $y \in S$ である。

述語を用いてよいことから，全称記号や存在記号を用いた述語によって集合を定義することもできる。例えば

$$S = \{b \in \mathbf{R} \,|\, \exists x \in \mathbf{R}\ x^2 - 2bx + b^2 - b = 0\} \tag{3.9}$$

は，$x^2 - 2bx + b^2 - b = (x - b)^2 - b = 0$ が実数解 x をもつような実数 b の集合である。$x^2 - 2bx + b^2 - b = 0$ は x と b に依存する述語なので，$\exists x \in \mathbf{R} \quad x^2 - 2bx + b^2 - b = 0$ は b のみに関する述語である。

集合の定義には関数を用いた次の形式も用いられる。

$$S = \{f(x) \,|\, x \in X\} \tag{3.10}$$

式 (3.10) の S は，X の各元 x を用いて $f(x)$ を計算し，その値をすべて集めた集合である。例えば $X = \{1, 2\}$，$f(x) = x^2$ のとき，$S = \{f(1), f(2)\} = \{1, 4\}$ である。式 (3.10) を用いると $S = \{2n \,|\, n \in \mathbf{N}\}$ で偶数の自然数の集合，$S = \{n^2 \,|\, n \in \mathbf{N}\}$ で平方数の集合を与えることができる。

さらに，式 (3.10) に述語を加えた

$$S = \{f(x) \,|\, x \in X,\ P(x)\} \tag{3.11}$$

によって集合が定義されることもある。式 (3.11) は次式の定義と同値である。

$$Z = \{x \in X \mid P(x)\}, \quad S = \{f(x) \mid x \in Z\} \tag{3.12}$$

例えば $f(x)$ を実数係数の多項式として

$$S = \{\mathrm{Re}(x) \mid x \in \mathbf{C},\ f(x) = 0\} \tag{3.13}$$

とすると，S は $f(x)$ の解の実部からなる集合である。式 (3.11) は

$$S = \{f(x) \mid P(x),\ x \in X\} \tag{3.14}$$

の順序で書かれることもある。

演習 3.2　2 次方程式 $x^2 + bx + 1 = 0$ が有理数の解 x をもつような $b \in \mathbf{R}$ に対する b^2 をすべて集めた集合の定義を記述せよ。

3.2　包　含　関　係

集合 A のすべての元が集合 B に属しているとき，A は B の**部分集合** (subset) であるという。あまり用いられないが，A が B の部分集合であるとき，B は A の**上位集合** (superset) であるともいわれる。A が B の部分集合であることを $A \subseteq B$ あるいは $B \supseteq A$ と表記する。$A \subseteq B$，$B \supseteq A$ は二つの集合 A，B の間の**包含関係**と呼ばれている。$A \subseteq B$，$B \supseteq A$ はそれぞれ $A \subset B$，$B \supset A$ と書かれることもある。任意の集合 S に対して $\emptyset \subseteq S$ であると定める。これにより，$\emptyset \subseteq \emptyset$ である。

$A \subseteq B$ を証明するには

$$x \in A \quad \Rightarrow \quad x \in B \tag{3.15}$$

が成り立つことを示せばよい。ここで特に A，B がそれぞれ

$$A = \{x \in X \mid P(x)\}, \quad B = \{x \in X \mid Q(x)\} \tag{3.16}$$

で与えられている場合，$x \in A$，$x \in B$ は仮定 $x \in X$ のもとでそれぞれ $P(x)$，$Q(x)$ が真であることと同値である。よって，式 (3.15) は

$$(x \in X) \wedge P(x) \quad \Rightarrow \quad (x \in X) \wedge Q(x) \tag{3.17}$$

と同値である。この意味で $A \subseteq B$ は $\Rightarrow$ と関連した関係である。

例 3.1　集合 A, B を

$$A = \{x \in \mathbf{R} \mid x^2 - 2x - 3 < 0\} \tag{3.18}$$

$$B = \{x \in \mathbf{R} \mid x^2 - 3x - 7 < 0\} \tag{3.19}$$

とすると $A \subseteq B$ が成り立つ。このことは以下のように証明できる。

証明　$x \in A$ とする。$x \in \mathbf{R}$ かつ $x^2 - 2x - 3 = (x+1)(x-3)$ より $x \in A$ ならば $-1 < x$ かつ $x < 3$ である。このとき，$x + 4 > 0$ である。これより

$$x^2 - 3x - 7 = (x^2 - 2x - 3) - (x + 4) < 0 \tag{3.20}$$

が成り立つので $x \in B$ である。すなわち，$A \subseteq B$ が成り立つ。　□

$A \subseteq B$ と式 (3.15) が同値であることは，A が空集合のときにも成り立つ。A が空集合のとき，$x \in \emptyset$ は x によらず偽であるので式 (3.15) は真となる。このことは，集合 B によらず $\emptyset \subseteq B$ が成り立つことと整合している。

演習 3.3　集合 A, B を

$$A = \{x \in \mathbf{R} \mid x^2 - 2x - 3 = 0\} \tag{3.21}$$

$$B = \{x \in \mathbf{Z} \mid |x| \leq 5\} \tag{3.22}$$

とする。このとき $A \subseteq B$ であることを証明せよ。

包含関係は集合の元が陽にわからない場合にも成立しうる。例えば $f(x)$, $g(x)$ をそれぞれ実数係数をもつ $x \in \mathbf{R}$ の多項式とし，集合 A, B を

$$A = \{x \in \mathbf{R} \mid f(x) = 0\}, \quad B = \{x \in \mathbf{R} \mid f(x)\, g(x) = 0\} \tag{3.23}$$

と定義する。このとき，A, B の元は陽にはわからない。しかしながら，$A \subseteq B$ は成り立つ。実際，$x \in A$ ならば $x \in \mathbf{R}$ かつ $f(x) = 0$ である。これより

$f(x)\,g(x)=0$ であるので $x \in B$ である。よって，$A \subseteq B$ が成り立つ。

$A \subseteq B$ かつ $A \neq B$ のとき，A は B の**真部分集合**であるといわれる。教科書によっては $A \subseteq B$ と $A \subset B$ を区別し，$A \subset B$ を A が B の真部分集合であるとの意味に用いているものもある。本書では $A \subseteq B$ と $A \subset B$ を区別しない。$A \subset B$ は A が B の真部分集合であることを意味するものではないので注意されたい。

集合 A, B, C に関して $A \subseteq B$, $B \subseteq C$ が成り立つならば $A \subseteq C$ が成り立つ。実際，$A \subseteq B$ より $x \in A$ ならば $x \in B$ が成り立つ。さらに $B \subseteq C$ より $x \in B$ ならば $x \in C$ も成り立つ。よって，式 (2.77) より $x \in A$ ならば $x \in C$ が成り立つので $A \subseteq C$ である。

集合 A, B が等しいことを $A = B$ と書く。$A = B$ は $A \subseteq B$ かつ $A \supseteq B$ が成り立つことと同値である。すなわち

$$(A = B) \quad \Leftrightarrow \quad (A \subseteq B) \wedge (A \supseteq B) \tag{3.24}$$

である。

例 3.2　集合 S を $S = \{x \in \mathbf{R} \,|\, x^2 - 2x - 3 < 0\}$ と定めると $S = (-1, 3)$ が成り立つ。これを証明するには $S \subseteq (-1, 3)$, $S \supseteq (-1, 3)$ をそれぞれ証明すればよい。具体的な証明は以下のとおりである。

証明

（$S \subseteq (-1, 3)$ の証明）$S \subseteq (-1, 3)$ は

$$x \in S \quad \Rightarrow \quad x \in (-1, 3) \tag{3.25}$$

と同値である。$S \subseteq \mathbf{R}$ であるので，式 (2.69) より，これはさらに

$$\forall x \in \mathbf{R} \quad (x \in S \quad \Rightarrow \quad x \in (-1, 3)) \tag{3.26}$$

とも同値である。対偶をとることにより，式 (3.26) は

$$\forall x \in \mathbf{R} \quad (x \notin (-1, 3) \quad \Rightarrow \quad x \notin S) \tag{3.27}$$

すなわち

$$(x \leq -1) \vee (x \geq 3) \quad \Rightarrow \quad x \notin S \tag{3.28}$$

とも同値である。よって，これを証明する。$x \leq -1$ ならば $x+1 \leq 0$，$x-3 \leq -4 < 0$ である。よって，$x^2-2x-3=(x+1)(x-3) \geq 0$ である。一方，$x \geq 3$ ならば $x+1 \geq 4 > 0$，$x-3 \geq 0$ であるので $x^2-2x-3 \geq 0$ である。以上より $x \notin S$ である。

（$S \supseteq (-1,3)$ の証明）$x \in (-1,3)$ が成り立つとすると $-1 < x$ かつ $x < 3$ である。このとき，$x+1 > 0$ かつ $x-3 < 0$ であるので $0 > (x+1)(x-3) = x^2-2x-3$ である。よって，$x \in S$ である。 □

演習 3.4　$f(x)$ は x に関する実係数の多項式とする。さらに，集合 A，B を

$$A = \{x \in \mathbf{R} \mid f(x) = 0\} \tag{3.29}$$

$$B = \{x \in \mathbf{R} \mid f(x)^2 = 0\} \tag{3.30}$$

とする。このとき $A = B$ であることを証明せよ。

3.3 集合の演算

3.3.1 共通部分

複数の集合が与えられたとき，それらから新しい集合を作り出す演算を定めることができる。本書ではよく用いられる基本的な演算を紹介する。

集合 A，B が与えられたとき，A，B 両方に属する元からなる集合を A と B の**共通部分**あるいは**積集合**といい，$A \cap B$ と書く。以降で示すように「積集合」の他に「直積集合」という概念も存在する。これらの混同を避けるために，本書では「積集合」ではなく，「共通部分」を主に用いる。

共通部分の定義から

$$x \in A \cap B \quad \Leftrightarrow \quad (x \in A) \wedge (x \in B) \tag{3.31}$$

が成り立つので

$$A \cap B = \{x \mid (x \in A) \land (x \in B)\} \tag{3.32}$$

である。$((x \in A) \land (x \in B)) \Leftrightarrow ((x \in B) \land (x \in A))$ より明らかに $A \cap B = B \cap A$ である。特に，A，B が式 (3.16) で定義される場合には

$$\begin{aligned} x \in A \cap B \quad &\Leftrightarrow \quad ((x \in X) \land P(x)) \land ((x \in X) \land Q(x)) \\ &\Leftrightarrow \quad (x \in X) \land (P(x) \land Q(x)) \end{aligned} \tag{3.33}$$

が成り立つので

$$A \cap B = \{x \in X \mid P(x) \land Q(x)\} \tag{3.34}$$

が成り立つ。このように，$\cap$ は $\land$ との関連が深い演算である。ただし，$\cap$ は集合に対する演算，$\land$ は命題に対する演算であるので，両者を混同しないように注意されたい。

例 3.3　$f_a(x)$，$f_b(x)$ をいずれも実数係数の多項式とする。このとき，集合 A，B を

$$A = \{x \in \mathbf{R} \mid f_a(x) = 0\}, \quad B = \{x \in \mathbf{R} \mid f_b(x) = 0\} \tag{3.35}$$

と定義すると，$A \cap B$ は次式を満足する。

$$A \cap B = \{x \in \mathbf{R} \mid (f_a(x) = 0) \land (f_b(x) = 0)\} \tag{3.36}$$

演習 3.5　集合 A，B を

$$A = \{x \in \mathbf{R} \mid x^5 + x^4 - x^3 - x^2 + x - 1 = 0\} \tag{3.37}$$

$$B = \{y \in \mathbf{R} \mid \sin 2\pi y = 0\} \tag{3.38}$$

とする。このとき，$1 \in A \cap B$ が成り立つことを証明せよ。

集合 A，B が与えられたとき $A \cap B$ も集合である。よって，$A \cap B$ と，別の新たな集合 C との共通部分を考えることができる。同様に，A と $B \cap C$ との共通部分を考えることもできる。両者で共通部分をとる順番が異なるが

$$(A \cap B) \cap C = A \cap (B \cap C) \tag{3.39}$$

が成り立つ。なぜなら

$$\begin{aligned} & x \in (A \cap B) \cap C \\ & \quad \Leftrightarrow \quad (x \in A \cap B) \wedge (x \in C) \\ & \quad \Leftrightarrow \quad ((x \in A) \wedge (x \in B)) \wedge (x \in C) \\ & \quad \Leftrightarrow \quad (x \in A) \wedge (x \in B) \wedge (x \in C) \end{aligned} \tag{3.40}$$

が成り立ち，同様にして

$$x \in A \cap (B \cap C) \quad \Leftrightarrow \quad (x \in A) \wedge (x \in B) \wedge (x \in C) \tag{3.41}$$

も成り立つので

$$x \in (A \cap B) \cap C \quad \Leftrightarrow \quad x \in A \cap (B \cap C) \tag{3.42}$$

が成り立つからである。式 (3.39) より $\cap$ 同士の演算は演算の順序によらない。よって，$(A \cap B) \cap C$ あるいは $A \cap (B \cap C)$ を単に $A \cap B \cap C$ と書いても構わない。集合が四つ以上の場合も同様である。

複数の集合が添字を用いて A_1，A_2，…，A_n などのように与えられるとき，A_1，…，A_n を**集合族**という。集合族は単なる集合の集合というよりも，パラメータで添字づけられた集合の集まりである。集合族のパラメータは数であるとも有限個であるとも限らない。集合族は A_a，A_b などのように与えられる場合もあれば，A_i（$i \in \mathbf{N}$），A_x（$x \in \mathbf{R}$）などのように与えられる場合もある。例えば

$$A_i = \{i-1, i, i+1\} \quad (i \in \mathbf{N}) \tag{3.43}$$

$$A_x = \{y \in \mathbf{R} \,|\, x-1 \leq y \leq x+1\} \quad (x \in \mathbf{R}) \tag{3.44}$$

などはそうした集合族の例である。集合族を与える添字の集合を I とすると，集合族は一般に A_i（$i \in I$）と書かれる。

演習 3.6　$i=1$, 2, 3 の場合に式 (3.43) の A_i を具体的に書き下せ。

演習 3.7　$x=1$, 2, 3 の場合に式 (3.44) の A_x を区間の形で書け。

集合族 A_i（$i \in I$）が与えられたとき，それらすべての共通部分を $\displaystyle\bigcap_{i\in I} A_i$ と書く。$\displaystyle x \in \bigcap_{i\in I} A_i$ は $\forall i \in I \quad x \in A_i$ と同値，すなわち

$$x \in \bigcap_{i\in I} A_i \quad \Leftrightarrow \quad \forall i \in I \quad x \in A_i \tag{3.45}$$

である。よって

$$\bigcap_{i\in I} A_i = \{x \mid \forall i \in I \quad x \in A_i\} \tag{3.46}$$

が成り立つ。

演習 3.8　$I=\{1,2,3,4,5\}$ に対して集合族 A_i（$i \in I$）を

$$A_i = \{n \in \mathbf{N} \mid i \leq n \leq i+7\} \tag{3.47}$$

とする。このとき，$\displaystyle\bigcap_{i\in I} A_i$ を元を列挙する形で表せ。

添字の集合が無限集合である場合，集合族の共通部分は慎重に考える必要がある。任意の $n \in \mathbf{N}$ に対して

$$A_n = \left(0, 2-\frac{1}{n}\right) \tag{3.48}$$

とする。このとき，$\displaystyle\bigcap_{n\in\mathbf{N}} A_n = (0,1)$ である。これは以下のように証明できる。

証明

（$\displaystyle\bigcap_{n\in\mathbf{N}} A_n \subseteq (0,1)$ の証明）$\displaystyle x \in \bigcap_{n\in\mathbf{N}} A_n$ とすると $\forall n \in \mathbf{N} \ \ x \in A_n$ が成り立つ。このとき $x \in A_1$ も成り立つ。よって，$x \in (0,1)$ である。

（$\bigcap_{n\in\mathbf{N}} A_n \supseteq (0,1)$ の証明）$x \in (0,1)$ とする。任意の $n \in \mathbf{N}$ に対して $1 \leq 2-(1/n)$ が成り立つので $(0,1) \subseteq (0, 2-(1/n))$ が成り立つ。よって，任意の $n \in \mathbf{N}$ に対して $x \in A_n$ が成り立つ。 □

一方，任意の $n \in \mathbf{N}$ に対して

$$B_n = \left(0, 1 + \frac{1}{n}\right) \tag{3.49}$$

とする。このとき，$\bigcap_{n\in\mathbf{N}} B_n = (0,1]$ である。$(0,1]$ は $(0,1)$ の書き間違いではない。すなわち，$1 \notin \bigcap_{n\in\mathbf{N}} A_n$ である一方で $1 \in \bigcap_{n\in\mathbf{N}} B_n$ である。これは以下の証明から確認できる。

証明

（$\bigcap_{n\in\mathbf{N}} B_n \subseteq (0,1]$ の証明）次の命題を証明すればよい。

$$(\forall n \in \mathbf{N} \quad x \in B_n) \quad \Rightarrow \quad x \in (0,1] \tag{3.50}$$

その際，任意の $n \in \mathbf{N}$ に対して $B_n \subseteq (0,\infty)$ が成り立つので，式 (3.50) は次の命題と同値である。

$$\forall x > 0 \quad ((\forall n \in \mathbf{N} \quad x \in B_n) \quad \Rightarrow \quad x \in (0,1]) \tag{3.51}$$

対偶を考えることで，式 (3.51) はさらに次の命題

$$\forall x > 0 \quad (x \notin (0,1]) \quad \Rightarrow \quad (\exists n \in \mathbf{N} \quad x \notin B_n)) \tag{3.52}$$

すなわち

$$x > 1 \quad \Rightarrow \quad (\exists n \in \mathbf{N} \quad x \notin B_n) \tag{3.53}$$

とも同値である。$x > 1$ のとき $x - 1 > 0$ であるので $1/(x-1) > 0$ が成り立つ。このとき，ある $n_0 \in \mathbf{N}$ が存在して $1/(x-1) < n_0$ すなわち $1 + (1/n_0) < x$ が成り立つ。よって，この n_0 に対して $x \notin B_{n_0}$ である。以上より，式 (3.53) が成り立つので式 (3.50) も成り立つ。

（$\bigcap_{n\in\mathbf{N}} B_n \supseteq (0,1]$ の証明）$x \in (0,1]$ とする。任意の $n \in \mathbf{N}$ に対して $1 < 1+(1/n)$ が成り立つので $(0,1] \subseteq (0, 1+(1/n))$ が成り立つ。よって，任意の $n \in \mathbf{N}$ に対

して $x \in B_n$ が成り立つ。 □

この証明が示すように，$1 \in \bigcap_{n \in \mathbf{N}} B_n$ であるのは，任意の $n \in \mathbf{N}$ に対して $1 \in B_n$ が成り立つからである。一方，$1 \notin A_1$ であるので $1 \notin \bigcap_{n \in \mathbf{N}} A_n$ である。

上記の A_n，B_n はいずれも任意の $n \in \mathbf{N}$ に対して開区間である。上記のように無限個の開区間の共通部分は開区間となることもあれば，そうでない場合もある。このように，本来，無限が関係する命題は厳密な論理を必要とするものである。高校で極限の内容が比較的簡単なのは，単に内容を簡単に扱えるものに限定しているからに過ぎない。参考までに，閉区間の共通部分は区間の数が無限個，有限個にかかわらず常に閉区間である。

3.3.2 和　集　合

A と B の少なくとも一方に属している元からなる集合を A と B の**和集合**といい，$A \cup B$ と書く。定義から

$$x \in A \cup B \quad \Leftrightarrow \quad (x \in A) \vee (x \in B) \tag{3.54}$$

が成り立つので

$$A \cup B = \{x \mid (x \in A) \vee (x \in B)\} \tag{3.55}$$

である。明らかに $A \cup B = B \cup A$ である。特に，A，B が式 (3.16) で定義される場合には

$$\begin{aligned} x \in A \cup B \quad &\Leftrightarrow \quad ((x \in X) \wedge P(x)) \vee ((x \in X) \wedge Q(x)) \\ &\Leftrightarrow \quad (x \in X) \wedge (P(x) \vee Q(x)) \end{aligned} \tag{3.56}$$

が成り立つので

$$A \cup B = \{x \in X \mid P(x) \vee Q(x)\} \tag{3.57}$$

が成り立つ。このように，$\cup$ は $\vee$ との関連が深い演算である。

例えば，集合 A，B が式 (3.35) で与えられる場合，$A \cup B$ は次式を満足する。

$$A \cup B = \{x \in \mathbf{R} \,|\, (f_a(x) = 0) \vee (f_b(x) = 0)\} \tag{3.58}$$

共通部分の場合と同様に，与えられた集合 A，B，C に対して

$$(A \cup B) \cup C = A \cup (B \cup C) \tag{3.59}$$

が成り立つ。よって，$(A \cup B) \cup C = A \cup (B \cup C)$ を $A \cup B \cup C$ と書いても構わない。

演習 3.9　式 (3.59) を証明せよ。

集合族 A_i（$i \in I$）が与えられたとき，それらの和集合を $\bigcup_{i \in I} A_i$ と書く。$x \in \bigcup_{i \in I} A_i$ は $\exists i \in I \quad x \in A_i$ と同値，すなわち

$$x \in \bigcup_{i \in I} A_i \quad \Leftrightarrow \quad \exists i \in I \quad x \in A_i \tag{3.60}$$

である。よって

$$\bigcup_{i \in I} A_i = \{x \,|\, \exists i \in I \quad x \in A_i\} \tag{3.61}$$

が成り立つ。

演習 3.10　$I = \{1, 2, 3\}$，$A_i = \{i, i+1\}$ とする。$\bigcup_{i \in I} A_i$ を元を列挙する形で表せ。

$\cap$ と $\cup$ が組み合わさった場合，以下の関係が成り立つ。

$$A \cap (B \cup C) = (A \cap B) \cup (A \cap C) \tag{3.62}$$

$$A \cup (B \cap C) = (A \cup B) \cap (A \cup C) \tag{3.63}$$

式 (3.62)，(3.63) の関係はそれぞれ式 (2.14)，(2.15) の関係と類似している。式 (3.62) は次のように証明される。

$$
\begin{aligned}
&x \in A \cap (B \cup C) \\
&\quad \Leftrightarrow \quad (x \in A) \ \wedge \ (x \in B \cup C) \\
&\quad \Leftrightarrow \quad (x \in A) \ \wedge \ ((x \in B) \ \vee \ (x \in C)) \\
&\quad \Leftrightarrow \quad ((x \in A) \ \wedge \ (x \in B)) \ \vee \ ((x \in A) \ \wedge \ (x \in C)) \\
&\quad \Leftrightarrow \quad (x \in A \cap B) \ \vee \ (x \in A \cap C) \\
&\quad \Leftrightarrow \quad x \in (A \cap B) \cup (A \cap C)
\end{aligned}
\tag{3.64}
$$

この証明からわかるように，式 (3.62) は式 (2.14) から導かれる結果である。

演習 3.11　式 (3.63) を証明せよ。

論理積・論理和と同様に，共通部分（積集合）と和集合の演算の優先順位は同じである。よって，式 (3.62)，(3.63) の括弧を省略してはならない。

3.3.3 補　　集　　合

共通部分，和集合はそれぞれ論理積，論理和に類似した演算であった。集合にも否定に類似する演算が存在する。ただし，共通部分，和集合はそれぞれ注目している集合 A，B のみで定義されるが，否定に対応する演算は注目している集合 A の他に，A を包含する**全体集合**と呼ばれる集合 $X \supseteq A$ があらかじめ定められていることが前提となる。具体的には，全体集合 X とその部分集合 A が与えられているとき，X に属しているが A には属していない元の集合を X における A の**補集合**といい，A^c と書く。全体集合 X を省略しても誤解が生じる怖れがない場合には，「X における」を省略し，単に A の補集合といわれる。例えば $X = \{1, 2, 3\}$，$A = \{1\}$，$B = \{1, 2\}$ の場合には $A^c = \{2, 3\}$，$B^c = \{3\}$ である。補集合は A だけでなく，X にも依存する。実際，$X = \{0, 1, 2\}$ の場合には $A^c = \{0, 2\}$ である。

補集合の定義から，$x \in A^c$ は $x \in X$ かつ $x \notin A$ と同値である。よって

$$A^c = \{x \in X \,|\, x \notin A\} \tag{3.65}$$

すなわち

$$A^c = \{x \in X \,|\, \neg(x \in A)\} \tag{3.66}$$

が成り立つ。逆に $x \in A$ は $x \in X$ かつ $x \notin A^c$ と同値である。

演習 3.12　$x \in A^c$ は $(x \in X) \wedge (x \notin A)$ と同値であることを用いて，$x \in A$ が $(x \in X) \wedge (x \notin A^c)$ と同値であることを示せ。

集合 A が $A = \{x \in X \,|\, P(x)\}$ で定義されている場合，A^c は

$$A^c = \{x \in X \,|\, \neg P(x)\} \tag{3.67}$$

である。このように，補集合は $\neg$ と関連した演算である。

演習 3.13　全体集合を $\mathbf{R}$，集合 A を

$$A = \{x \in \mathbf{R} \,|\, x^2 + 3x - 4 > 0\} \tag{3.68}$$

とする。このとき，$-2 \in A^c$ であることを証明せよ。さらに，A^c を区間の形で与えよ。

補集合 A^c は命題の否定 $\neg$ と関連しているにもかかわらず，A^c は否定集合ではなく，補集合と呼ばれている。英語でも A^c は「complementary set」であるので，日本語訳だけが補集合という名前になっているわけではなく，国際的にも補集合という名称である。A^c の「c」は「Complementary」の頭文字に由来している。補集合の「補」は「補う」の意味である。実際，A^c に対して

$$A \cap A^c = \emptyset, \quad A \cup A^c = X \tag{3.69}$$

が成り立つので，A^c は和集合 $\cup$ の意味で A を過不足なく補って X にする集合となっている。これが A^c を補集合と呼ぶ理由である。A^c が全体集合を前提とする概念であるという意識が，この名称にこめらていることがわかるであろう。明らかに

$$(A^c)^c = A, \quad X^c = \emptyset, \quad \emptyset^c = X \tag{3.70}$$

である。

命題の否定に関してド・モルガンの法則が成り立つのと同様に，補集合に関しても以下の関係が成り立つ。すなわち，全体集合 X の任意の部分集合 A, $B \subseteq X$ に対して

$$(A \cap B)^c = A^c \cup B^c \tag{3.71}$$

$$(A \cup B)^c = A^c \cap B^c \tag{3.72}$$

が成り立つ。式 (3.71), (3.72) も**ド・モルガンの法則**と呼ばれている。式 (3.71), (3.72) において，全体集合 X は A, B で共通でなければならないことに注意されたい。

演習 3.14　$X = \{1, 2, 3, 4, 5, 6\}$, $A = \{1, 2, 3\}$, $B = \{3, 4\}$ とする。このとき，式 (3.71), (3.72) が成り立つことを確かめよ。

式 (3.71) は以下の関係から証明される。

$$\begin{aligned}
& x \in (A \cap B)^c \\
& \quad \Leftrightarrow \quad (x \in X) \land (x \notin A \cap B) \\
& \quad \Leftrightarrow \quad (x \in X) \land (\neg(x \in A \cap B)) \\
& \quad \Leftrightarrow \quad (x \in X) \land (\neg((x \in A) \land (x \in B))) \\
& \quad \Leftrightarrow \quad (x \in X) \land ((\neg(x \in A)) \lor (\neg(x \in B))) \\
& \quad \Leftrightarrow \quad (x \in X) \land ((x \notin A) \lor (x \notin B)) \\
& \quad \Leftrightarrow \quad ((x \in X) \land (x \notin A)) \lor ((x \in X) \land (x \notin B)) \\
& \quad \Leftrightarrow \quad (x \in A^c) \lor (x \in B^c) \\
& \quad \Leftrightarrow \quad x \in A^c \cup B^c
\end{aligned} \tag{3.73}$$

上記の証明からわかるように，集合に関するド・モルガンの法則は命題に関するド・モルガンの法則から導かれる。

演習 3.15 式 (3.72) を証明せよ。

3.3.4 直積集合

これまで実数や自然数などの集合を紹介してきた。一方，数学では座標やベクトルなど，複数の数を組み合わせたものも登場する。それらを記号で扱うとき，その記号が座標やベクトルであることを示す集合が必要となる。では，座標やベクトルの集合はどのように定義されるのであろうか？

平面座標や 2 次元のベクトルは二つの実数を組み合わせたものである。このように，集合 A，B が与えられたとき，それらの元 $a \in A$，$b \in B$ の組合せ (a, b) をすべて集めた集合を A，B の**直積集合**といい，$A \times B$ と書く。定義から

$$A \times B = \{(a, b) \mid a \in A,\ b \in B\} \tag{3.74}$$

である。すでに述べたように直積集合と積集合（共通部分）は別の概念である。例えば $A = \{1, 2, 3\}$，$B = \{10, 20\}$ のとき，$A \times B$ は

$$A \times B = \left\{ \begin{array}{ll} (1, 10), & (1, 20), \\ (2, 10), & (2, 20), \\ (3, 10), & (3, 20) \end{array} \right\} \tag{3.75}$$

である。一方，積集合（共通部分）は $A \cap B = \emptyset$ である。元 $(a, b) \in A \times B$ の順序は $A \times B$ の順序に対応している。すなわち，$(x, y) \in A \times B$ ならば $x \in A$，$y \in B$ である。一方，$(x, y) \in B \times A$ ならば $x \in B$，$y \in A$ である。よって，$A \times B$ と $B \times A$ は異なる集合である。

演習 3.16 $A = \{1, 2\}$，$B = \{0, 0.1, 0.2\}$ としたとき $A \times B$，$B \times A$ の元をすべて列挙せよ。

式 (3.2) の定義と同様に，式 (3.74) 右辺の記号 a，b は集合を定義するために一時的に用いられているものであり，a，b は式 (3.74) 右辺のかっこ内でしか

通用しない。よって，a，b を別の記号に置き換えても定義の意味は同じである。例えば，式 (3.74) の定義を

$$A \times B = \{(c, h) \mid c \in A,\ h \in B\} \tag{3.76}$$

と書いても集合の定義としてはまったく同じである。

式 (3.74) が定義されたうえで $x \in A \times B$ と書いたとき，それは，ある $x_a \in A$ とある $x_b \in B$ が存在して $x = (x_a, x_b)$ であることを意味している。この場合も添字の a，b は記号の対応がわかりやすくなるように書いているだけで，それ以上の意味はない。これを「ある $v \in A$ とある $d \in B$ が存在して $x = (v, d)$ である」と書いても数学的にはまったく同じ意味である。$x, y \in A \times B$ と書いたときには $x = (x_a, x_b)$，$y = (y_a, y_b)$ であり，x_a と y_a は同じである場合もあれば異なる場合もある。x_b，y_b についても同様である。

直積集合は二つの集合だけでなく，3 個以上の集合に対しても定義できる。集合 $A \times B \times C$ は $a \in A$，$b \in B$，$c \in C$ の元の組合せ (a, b, c) をすべて集めた集合，すなわち

$$A \times B \times C = \{(a, b, c) \mid a \in A,\ b \in B,\ c \in C\} \tag{3.77}$$

である。同様に，$X_1 \times \cdots \times X_n$ は $x_i \in X_i$（$i \in \{1, \ldots, n\}$）の元の組合せ $(x_1, \ldots, x_n)$ をすべて集めた集合である。

三つの集合の直積集合を考えるとき，$A \times B \times C$，$(A \times B) \times C$，$A \times (B \times C)$ は厳密にいえばすべて異なる集合である。$A \times B \times C$ は三つの集合の直積集合である一方，$(A \times B) \times C$ は二つの集合 $A \times B$ と C の直積集合である。よって，$(A \times B) \times C$ の元は (x, y) であり (x, y, z) ではない。すなわち，$(x, y) \in (A \times B) \times C$ のとき $x \in A \times B$，$y \in C$ である。この $x \in A \times B$ は実際には二つの元の組合せ $x = (x_a, x_b)$ で $x_a \in A$，$x_b \in B$ である。少々乱暴ではあるが，これらをあえて一緒に書くと $((x_a, x_b), y)$ である。ただし，$A \times B \times C$ と $(A \times B) \times C$ を厳密に区別する／しないは文脈や著者・話者の意図にもよっており，両者を同一のものとして扱う場合もあるので注意されたい。$A \times (B \times C)$ や四つ以上の集合の直積集合の場合も同様である。

直積集合を作るとき，組み合わせる集合は異なっていなくてもよく，同じ集合同士の組合せも可能である。すなわち，集合 A に対し $A \times A$，$A \times A \times A$ なども考えることもできる。例えば $A = \{1, 2\}$ の場合

$$A \times A = \{(1,1), (1,2), (2,1), (2,2)\} \tag{3.78}$$

である。同じ集合の直積集合の場合には $A \times A$ を A^2 と書くこともできる。同様に $A \times A \times A$ は A^3 である。よって，平面座標 (x, y) や 2 次元ベクトル (x_1, x_2) の集合は $\mathbf{R} \times \mathbf{R} = \mathbf{R}^2$ である。同様に空間座標 (x, y, z) や 3 次元ベクトル (x_1, x_2, x_3) の集合は $\mathbf{R} \times \mathbf{R} \times \mathbf{R} = \mathbf{R}^3$ である。このように，座標とベクトルは集合としては同じものである。複素数を要素とするベクトルの集合は $\mathbf{C}^2$，$\mathbf{C}^3$ などである。

演習 3.17　整数を要素とする 4 次元ベクトルの集合を表す記号を示せ。

3 次の実数ベクトル x と 2 次の実数ベクトル y の組 (x, y) の集合は $\mathbf{R}^3 \times \mathbf{R}^2$ である。$\mathbf{R}^3 \times \mathbf{R}^2$ は $(\mathbf{R} \times \mathbf{R} \times \mathbf{R}) \times (\mathbf{R} \times \mathbf{R})$ のことである。先にも述べたように，これを $\mathbf{R}^5$ とみなすか否か，すなわち 3 次のベクトル x と 2 次のベクトル y を併せて 5 次のベクトルと考えるか否かは文脈や著者・話者の意図に依存する。

実数を要素とする n 次元のベクトルの集合が $\mathbf{R}^n$ と書かれるからといって，実数の数列 $a_1, a_2, \ldots$ の集合を $\mathbf{R}^\infty$ と書くことはしない。大学数学では数列の集合は数列の「大きさ」の尺度とともに定義されることが多く，数列のみで定義されることはあまりない。そのため，数列自体に対する標準的な記法は確立されていない。

3.3.5 べき集合

高校までの数学で以下のような問題を見たことがあるであろう。

袋の中にそれぞれ 1，2，3 の番号が書かれたカードが 3 枚入っている。
袋から一度に何枚かのカードを取り出す。取り出し方は何通りあるか？

1 枚も取り出さない場合も含めると，取り出されるカード（あるいは書かれている数字）の組合せは次の 8 通りである。

$$\begin{array}{llll} \emptyset, & \{1\}, & \{2\}, & \{3\}, \\ \{1,2\}, & \{1,3\}, & \{2,3\}, & \{1,2,3\} \end{array} \tag{3.79}$$

なぜなら，各カードについて取り出す／取り出さないの 2 通りの選択があり，それが各カードごとに独立であるからである。その結果，取り出し方は $2\times2\times2 = 2^3 = 8$ 通りである。

集合 A を $\{1,2,3\}$ とすると，式 (3.79) は A の部分集合をすべて列挙したものになっている。集合 A の部分集合の集合を A の**べき集合**といい，2^A のように書く。上記の例では

$$2^A = \{\,\emptyset, \{1\}, \{2\}, \{3\}, \{1,2\}, \{1,3\}, \{2,3\}, \{1,2,3\}\,\} \tag{3.80}$$

である。述語を用いて記述すると

$$2^A = \{S \mid S \subseteq A\} \tag{3.81}$$

である。

べき集合の元は集合であることに注意されたい。A が有限集合の場合，べき集合に属する元の個数は $2^{|A|}$ である。ただし，$|A|$ は集合 A に属する元の個数である。べき集合を 2^A と表記するのは，この関係に由来している。

演習 3.18　$A = \{2,3,6\}$ とする。このとき 2^A の元をすべて列挙せよ。

べき集合はべき集合そのものというよりも，ある記号がある集合の部分集合であることを示す際に用いられる。すなわち，集合 A が与えられたとき，$x \in 2^A$ とすれば x は A のある部分集合である。例えば，$A = \{1,2,3\}$ である場合，「任意の $x \in 2^A$ に対して」「ある $x \in 2^A$ が存在すれば」とあれば，x は式 (3.79) の集合のいずれかである。

第 4 章

関数は想像以上に自由な存在，先入観を捨ててつきあおう

4.1 関数の概念とその複雑さ

高校数学で扱われる関数は $\sin(x)$ や e^x などの数式で書かれたものばかりであった。関数を $y = f(x)$ と書くとき，x を関数の**独立変数**，y あるいは $f(x)$ を**従属変数**という。しかしながら，そもそも関数は式で書かれていなければならないわけではなく，独立変数に対する値が定まってさえいれば関数である。その際，値を定める方法は式や規則，表など何でも構わない。

このように関数を定めると，存在する関数の中には高校数学の常識をはるかに超えるようなものも存在する。例えば，実数 $x \in \mathbf{R}$ に対して

$$f(x) = \begin{cases} 1 & (x \in \mathbf{Q}) \\ 0 & (x \notin \mathbf{Q}) \end{cases} \tag{4.1}$$

というように定められた $f(x)$ は関数である。式 (4.1) の関数は**ディリクレ関数**（Dirichlet function）と呼ばれている。ディリクレ関数は x が有理数のとき 1，無理数のとき 0 をとる。ディリクレ関数を図に描くことはできないので，関数の姿を具体的にイメージすることは難しいかもしれない。しかしながら，各 $x \in \mathbf{R}$ に対して $f(x)$ の値が定まっているので，ディリクレ関数は紛れもなく関数である。

想像を超える関数，あるいはグラフに描けない関数はディリクレ関数の他にも存在しうる。以下の関数 f は実数から実数への連続な関数であるが，どの点においても微分不可能であることが示されている。

$$f(x) = \lim_{n\to\infty} f_n(x) \quad (x \in \mathbf{R}) \tag{4.2}$$

$$f_n(x) = \sum_{k=0}^{n} a^k \cos(b^k \pi x) \tag{4.3}$$

ただし，a，b は $a \in (0,1)$，$b > 1$，$ab \geq 1$ を満足する実数である。f は極限を用いて定義されているので，そのグラフを正確に書くことはできない。f が連続であることを実感するために，$n = 3$，6，9 の各場合に対する f_n のグラフを

図 4.1(a)，(c)，(e) にそれぞれ示す。ただし，$a = 1/2$，$b = 3$ である。これらから各 f_n が連続であることが確認できる。

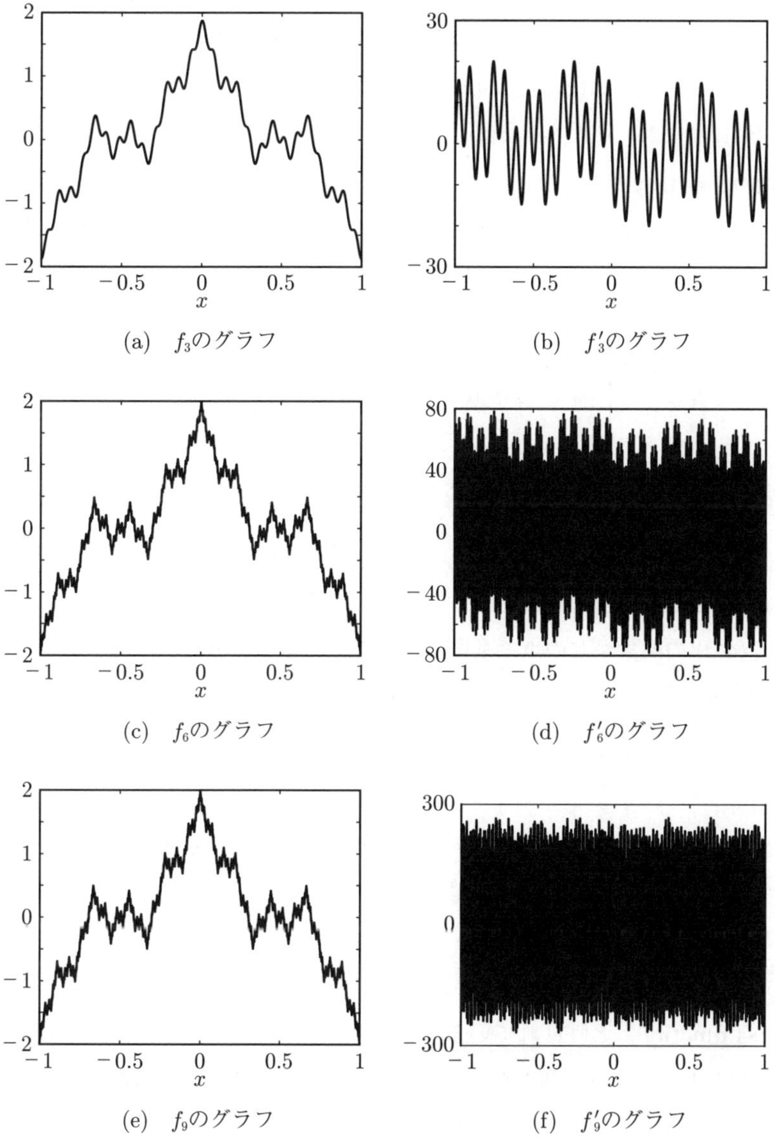

(a) f_3のグラフ　(b) f_3'のグラフ

(c) f_6のグラフ　(d) f_6'のグラフ

(e) f_9のグラフ　(f) f_9'のグラフ

図 4.1　$n = 3, 6, 9$ に対する f_n，f_n' のグラフ

高校数学で学んだように，各 $n = 1, 2, \ldots$ に対応して一連の数 $x_1, x_2, \ldots$ が定められているとき，$x_1, x_2, \ldots$ を数列という。同じように，各 $n = 1, 2, \ldots$ に対応して一連の関数 $f_1, f_2, \ldots$ が定義されているとき，$f_1, f_2, \ldots$ を**関数列**という。式 (4.3) は関数列を定義しており，式 (4.2) はその $n \to \infty$ における極限である。関数列は常に収束するとは限らない。また，関数 $f_1, f_2, \ldots$ がすべて連続であっても，その極限が連続になるとは限らない。そうではあるが，任意の $x \in \mathbf{R}$ に対して式 (4.2) の $f_n(x)$ は $n \to \infty$ で収束することが知られている。さらに式 (4.2) の関数は x に関して連続であることも示されている。

演習 4.1　任意の実数に対して定義された次の関数

$$f_n(x) = \begin{cases} 0 & (x \leq 0) \\ x^n & (x \in (0,1)) \\ 1 & (x \geq 1) \end{cases} \tag{4.4}$$

は連続である。このとき，以下のことを示せ。

(1)　任意の $x \in \mathbf{R}$ に対して，$\lim_{n\to\infty} f_n(x)$ が存在する。

(2)　$f(x) = \lim_{n\to\infty} f_n(x)$ とすると f は不連続である。

式 (4.2) の関数がどの点でも微分不可能であることを図から確認することも困難である。その代わり，f_n の導関数

$$f_n'(x) = \sum_{k=0}^{n} (ab)^k \cos(b^k \pi x) \tag{4.5}$$

の $n = 3, 6, 9$ に対するグラフを図 4.1(b)，(d)，(f) に示す。これらのグラフから n を大きくすると導関数がより激しく，かつ，より大きな振幅で振動していることが確認できる。

式 (4.2) の関数は発見者の名前にちなんで**ワイエルシュトラス関数**（Weierstarss function）と呼ばれている。ワイエルシュトラス関数は「任意の連続関数 f に対して，ある区間が存在して，その区間上で f は微分可能である」という予想に対する反例として示されたものである。

予想を超える関数は他にもある。例えば，微分可能な関数の導関数は連続と

は限らない。次の関数はその例である。

$$f(x) = \begin{cases} x^2 \sin \dfrac{1}{x} & (x \neq 0) \\ 0 & (x = 0) \end{cases} \quad (x \in \mathbf{R}) \tag{4.6}$$

式 (4.6) の導関数は次式で与えられる。

$$\frac{df}{dx}(x) = \begin{cases} 2\,x \sin \dfrac{1}{x} - \cos \dfrac{1}{x} & (x \neq 0) \\ 0 & (x = 0) \end{cases} \tag{4.7}$$

ここで，$x_n = 1/2\pi n$ とすると任意の $n \in \mathbf{N}$ に対して $x_n > 0$ であり，かつ $n \to \infty$ で $x_n \to 0$ である。さらに任意の $n \in \mathbf{N}$ に対して

$$\frac{df}{dx}(x_n) = \frac{1}{\pi n}\sin(2\pi n) - \cos(2\pi n) = -1 \tag{4.8}$$

が成り立つ。以上のことから，$x \to 0$ のとき $df(x)/dx$ は 0 に収束はしない。よって，$df(x)/dx$ は $x = 0$ で不連続である。

演習 4.2　式 (4.7) の関数が式 (4.6) の関数の導関数であることを示せ。

図 4.2(a)，(b) はそれぞれ式 (4.6)，(4.7) の関数のグラフである。このグラフから導関数は原点近くで激しく振動していることがわかる。

ここまでで紹介したように，関数の中には予想を超えるものもある。よって，

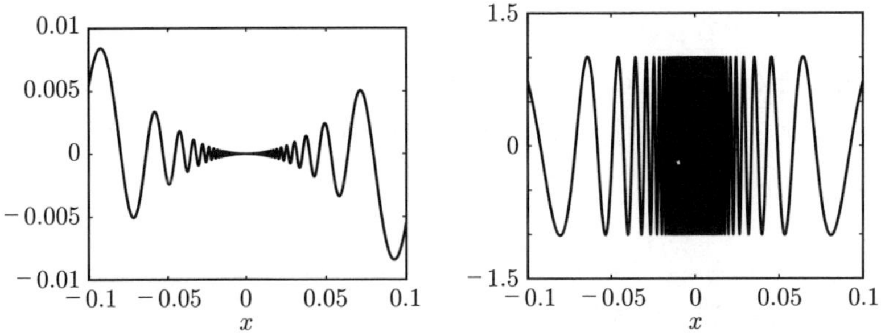

(a)　f のグラフ　　(b)　df/dx のグラフ

図 4.2　式 (4.6)，(4.7) の関数のグラフ

直感的には成り立つと思われる事柄でも，それが証明されない限り，本当に成り立つか否かはわからない。ディリクレ関数やワイエルシュトラス関数，式 (4.6) の関数を思い浮かべれば，高校数学の知識に基づく予想が成り立つ見込みはほとんどないことが理解できるであろう。

関数は独立変数から従属変数への対応関係であるので，関数はいくらでも存在する。そのため，個別の関数を個々に取り上げて調べてもキリがない。このような場合，例えば連続関数や微分可能な関数など，特定の集合に属す関数がもつ性質を明らかにしておいて，必要に応じてその結果を個別の関数に適用するほうが生産的である。大学数学ではそのような立場で関数が扱われる。例えば，大学数学の最初のほうで示される**中間値の定理**は以下のようなものである。

定理 4.1

中間値の定理 実数を実数に対応させる関数 f は区間 $[a,b]$ 上で連続で $f(a) < f(b)$ であると仮定する。このとき，任意の $y \in [f(a), f(b)]$ に対して，ある $c \in [a,b]$ が存在して $y = f(c)$ が成り立つ。

ただし，上記の内容は高校数学の知識で理解できるように，本来の中間値の定理よりも平易なものにしてある。中間値の定理はすべての連続関数に対して成り立つ事実である。

以上のような背景から，大学数学における関数の議論は計算方法ではなく，論証が中心となる。上記の中間値の定理についても，大学数学では厳密な証明が与えられる。またそれは，「連続である」ことが厳密に定義されてはじめて可能となることである。

4.2 関数の記法

前節で述べたように，関数の本質は独立変数から従属変数への対応関係である。対応関係でよいのなら，実数から実数への対応だけでなく，他のものを対応

させることも可能である。高校数学で学ぶベクトルの大きさ $|\vec{a}|$ は，ベクトル $\vec{a}$ に対して非負の実数を対応させているので，これも関数である。また，ベクトルの内積も二つのベクトルを一つの実数へ対応させているので関数である。大学数学ではベクトルからベクトルへの関数や複素数から複素数への関数なども扱われる。さらに高度になると，例えば実数 $x \in \mathbf{R}$ に依存する実数値関数 $f(x)$ に対して，その「大きさ」を

$$\sqrt{\int_{-\infty}^{\infty} |f(x)|^2 \, dx} \tag{4.9}$$

で与えることがある。式 (4.9) は関数 f を与えると，それに対して非負の値が決まるので，関数を非負の実数に対応させる「1 段階上位の関数」である。同じ「関数」という表現を用いると混乱を招くので，このような「関数」を**汎関数**《はんかんすう》と呼ぶこともある。

式 (4.9) のように積分区間が無限の場合の積分は高校数学では定義されておらず，厳密な定義は大学数学で与えられる。本書を読む限りにおいては式 (4.9) の積分を

$$\sqrt{\lim_{d\to\infty} \int_{-d}^{d} |f(x)|^2 \, dx} \tag{4.10}$$

と思って頂ければよい。以降の積分についても同様である。

さらには，関数 $f(x)$ に対して $\omega \in \mathbf{R}$ と積分を用いて，別の関数

$$F(\omega) = \int_{-\infty}^{\infty} f(x) \left(\cos(\omega x) - \mathtt{i} \sin(\omega x)\right) dx \quad (\omega \in \mathbf{R}) \tag{4.11}$$

を定めることも行われる。ただし，$\mathtt{i}$ は虚数単位である。式 (4.11) はフーリエ変換と呼ばれている。フーリエ変換は関数 $f(x)$ を別の関数 $F(\omega)$ に対応させている。よって，これは関数を関数に対応させる「1 段階上位の関数」である。関数から関数への対応は**作用素**《さようそ》と呼ばれることが多い。高校数学で学ぶ微分も，関数をその導関数に対応させているので実は作用素である。

このように大学数学では関数は「対応づけるもの」であると同時に，汎関数や作用素によって「対応づけられるもの」でもある。関数が「対応づけるもの」

として用いられる場合には，関数がとる値が興味の主な対象となる。一方，関数が「対応づけられるもの」として用いられる場合には，関数全体が一つの対象となる。そこで，関数を表す記号も，関数がとる値を示す場合と関数自体を示す場合で表記を分けたほうがよい。

高校数学では関数を「$f(x)$」のように記していた。ただし，これでは $f(x)$ が関数自体を意味するのか，あるいは関数が x でとる値を意味するのかあいまいである。例えば $f(1)$，$f(\sqrt{2})$ はそれぞれ関数が $x=1$，$x=\sqrt{2}$ でとる値を意味する。関数が式 (4.1) で定義される場合には $f(1)=1$，$f(\sqrt{2})=0$ である。一方，例えば「関数が連続である」あるいは「関数が微分可能」であるというとき，それは関数がとる値の性質ではなく，関数そのものの性質である。実際，「関数 $f(x)$ は $x=1$ で連続」は意味のある記述であるが「$f(1)$ は連続」は意味を成さない。このことから，「関数 $f(x)$ は $x=1$ で連続」と書いたときの「$f(x)$」は，関数が x でとる値ではなく，関数自体を意味していることがわかる。以上の例から高校数学では「$f(x)$」という記述があいまいに用いられていることがわかるであろう。

大学数学では関数全体と関数がとる値を区別するために，関数全体を表わすには f，関数が x でとる値は $f(x)$ と書く。この記法を用いると，関数の連続性や微分可能性に言及するときには「f は連続である」，「f は微分可能である」などと書き，関数がとる値に言及するときには「$f(x)$」，「$f(1)$」などと書く。$f(x)$ と書いた場合，それは関数自体ではなく，関数 f が x でとる値を指すことに注意されたい。さらに，関数を定義するときには

$$f(x)=x^2+3x+2 \quad (x\in\mathbf{R}) \tag{4.12}$$

などと書く。式 (4.12) は「各 $x\in\mathbf{R}$ に対して x^2+3x+2 を対応させる関数 f」を定義している。

関数の記号 f に独立変数が書かれていないことに不安を感じる人がいるかもしれないが，関数の本質は対応関係なので，独立変数の記号の違いはもともと意味がない。例えば，式 (4.12) を

$$f(y) = y^2 + 3y + 2 \quad (y \in \mathbf{R}) \tag{4.13}$$

$$f(t) = t^2 + 3t + 2 \quad (t \in \mathbf{R}) \tag{4.14}$$

と書いても，定義される関数 f はいずれも式 (4.12) と同一のものである。

f と $f(x)$ の使い分けはベクトルと同じである。高校数学においては，ベクトル全体を指すときには $\vec{a}$ と書き，一方，ベクトルの成分は a_x，a_y などと書く。大学数学では矢印をつけずに，ベクトルを単に $a \in \mathbf{R}^n$ と書き，その成分を a_1，a_2，a_k などと書く。ベクトルの成分 a_1，a_2，a_k は関数がとる値 $f(1)$，$f(\sqrt{2})$，$f(x)$ に対応し，一方，関数そのものを f と書くことはベクトルそのものを a と書くことに対応している。前節で関数列を $f_1(x)$，$f_2(x)$，... ではなく，f_1，f_2，... と表記しているのは，関数 f_i が x でとる値の列ではなく，関数の列であることを明確にするためである。

ベクトルでは $|a_1|$ は成分の大きさ，$|a|$ はベクトルの大きさである。大学数学では実数や複素数のような「数」以外の大きさは $\|\ \ \|$ という記号を使って書くので，ベクトルの大きさも $\|a\|$ と書かれる。$\|\ \ \|$ は一般に**ノルム**と呼ばれていて，$\|a\|$ は「a のノルム」と呼ばれている。関数の場合も同様に，式 (4.9) で定義される大きさは $\|f\|_2$ と表記される。$\|f\|_2$ は「f の L_2 ノルム」と呼ばれている。一方，$|f(x)|$ あるいは $\|f(x)\|$ と書けば，それは f が x でとる値の大きさを意味する。

演習 4.3　関数 f を

$$f(x) = \begin{cases} 0 & (x < 0) \\ e^{-x} & (x \geq 0) \end{cases} \tag{4.15}$$

とする。このとき $\|f\|_2$，$|f(x)|$ の値をそれぞれ求めよ。

ただし，大学数学の教科書が必ずしもすべて上記のように書き分けているわけではなく，高校数学との連続性を優先して「$f(x)$」のみで書いているものもある。その他にも，後に x を用いたいために「$f(x)$」と書いている場合もある。例えば「関数 $f(x)$ が $x = a$ で連続であるとき」などである。そうした場合には「$f(x)$」がどちらの意味で用いられているかは文脈から判断する必要がある。いずれにしても，関数には関数自体と関数がとる値の二つの意味があることを意識していることが，教科書の記述に振り回されずに正しく読み解くために必要である。

記号 x が実数であることは，集合 $\mathbf{R}$ を用いて $x \in \mathbf{R}$ と書いたのであった。一方，記号 f が実数を実数に対応させる関数であるときには $f : \mathbf{R} \to \mathbf{R}$ と書く。よって，「$f : \mathbf{R} \to \mathbf{R}$ とする」とあれば，f は実数から実数への関数であると仮定したことになる。同様に「$f : \mathbf{R}^n \to \mathbf{R}^m$ とする」，「$f : \mathbf{C} \to \mathbf{C}$ とする」とあれば，f はそれぞれ n 次の実数ベクトルから m 次の実数ベクトルへの関数，複素数から複素数への関数であると仮定したことになる。

関数は独立変数を複数個とる場合がある。例えば，ベクトルの内積は二つのベクトルを独立変数にとり，それを実数に対応させる関数である。そのような関数は，二つのベクトルを a，b，関数の記号を f とすれば $f(a, b)$ と表記される。二つのベクトル $a \in \mathbf{R}^n$，$b \in \mathbf{R}^n$ を (a, b) と組にすれば $(a, b) \in \mathbf{R}^n \times \mathbf{R}^n$ である。よって，内積を与える関数は $f : \mathbf{R}^n \times \mathbf{R}^n \to \mathbf{R}$ である。

4.3 関 数 と 集 合

大学数学では関数と集合が絡みあった議論が行われる。前節で説明したように，関数は $f : \mathbf{R}^n \to \mathbf{R}^m$ などのように集合を用いて指定される。一般に，関数 f を $f : A \to B$ と書いたとき，集合 A を f の**始域**あるいは**定義域**といい，集合 B を**終域**という。始域は $\mathbf{R}$ や $\mathbf{C}$ などの場合もあれば，$[1, 2]$ などの部分集合であることもある。

前節の中間値の定理における「関数 f は区間 $[a, b]$ 上で連続」は，「f が $[a, b]$ で定義され，かつ，$[a, b]$ 上で連続である」を意味している。この仮定は

f は $[a, b]$『のみで』定義されている。

の意味ではないことに注意されたい。そうではなく，ここで仮定されている

内容は

『少なくとも』$[a,b]$ で定義されている。それ以外の領域で定義されているか否かは気にしない，どちらでも構わない。

である。わざわざ始域を小さくしている理由は，結果の適用範囲を広げるためである。

例えば，中間値の定理の仮定は $f(x)=-1/x$，$a=1$，$b=2$ に対して成立する。一方，仮に定理の仮定が

関数 $f:\mathbf{R}\to\mathbf{R}$ は連続

であったとする。このとき，$f(x)=-1/x$ は $x=0$ で定義されていないので，f は仮定を満足しない。そのため，定理を適用することができない。この例から，関数に求める始域を $\mathbf{R}$ から $[a,b]$ に狭めることで，定理の適用範囲が広がっていることが理解できるであろう。

終域 B は次の集合と混同しやすいので注意が必要である。

$$\mathrm{Im}(f)=\{f(x)\,|\,x\in A\} \tag{4.16}$$

集合 $\mathrm{Im}(f)$ は関数 f の**像**と呼ばれる集合である（**図 4.3**）。定義から，明らかに像 $\mathrm{Im}(f)$ は終域 B の部分集合である。しかし，終域 B が像 $\mathrm{Im}(f)$ の部分集合

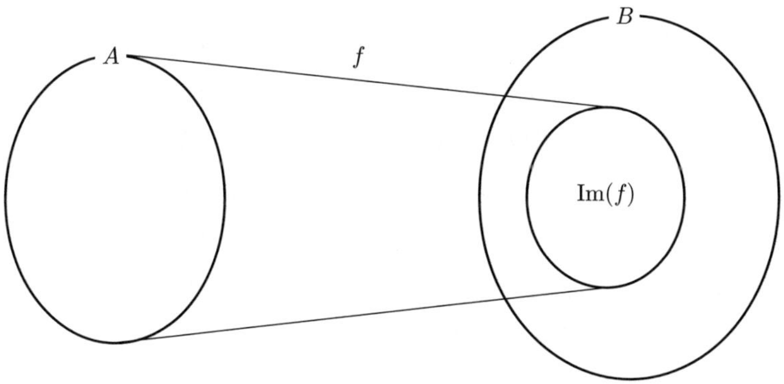

図 **4.3**　関数 f の像

になる，すなわち $B = \mathrm{Im}(f)$ であるとは限らない。例えば，$f : \mathbf{R} \to \mathbf{R}$ を $f(x) = \sin(x)$ と定めると，$\mathrm{Im}(f) = [-1, 1] \neq \mathbf{R}$ である。関数 f と直接関係があるのは像 $\mathrm{Im}(f)$ のほうであるが，像 $\mathrm{Im}(f)$ を求めることは終域 B を与えることよりも難しい。例えば，ワイエルシュトラス関数の終域は $\mathbf{R}$ とすることができるが，その像を求めることは容易ではない。

演習 4.4　関数 $f : \mathbf{R} \to \mathbf{R}$ を

$$f(x) = \frac{x+1}{x^2+3} \quad (x \in \mathbf{R}) \tag{4.17}$$

とする。このとき，f の像 $\mathrm{Im}(f)$ を求めよ。

終域 B は関数と関数の演算を行えるか否かを判断するのに用いられる。例えば，$f : A \to B$，$g : C \to D$ で，かつ $B \subseteq C$ ならば，合成関数 $g \circ f : A \to D$ が定義可能である。また，$f : A \to \mathbf{R}$，$g : A \to \mathbf{R}$ ならば和 $f + g : A \to \mathbf{R}$ を定義しうることもわかる。ここで，$f + g$ の具体的な定義は

$$(f+g)(x) = f(x) + g(x) \quad (x \in A) \tag{4.18}$$

である。式 (4.18) は値 $f(x)$ と $g(x)$ の和を定義しているのではなく，関数 f と g の和 $f + g$ を定義していることに注意されたい。式 (4.18) が定義可能なのは始域 A が f と g で共通であることと，共通の終域 $\mathbf{R}$ で和が定義されていることによる。

関数の始域や終域は関数の性質だけでなく，その関数を用いる目的や意図にも依存して定められる。例えば，非負の実数 $x \in [0, \infty)$ に対して $\sqrt{x}$ を対応させる関数 $f(x) = \sqrt{x}$ の終域は，$\mathbf{R}$，$[0, \infty)$，$(-10, \infty)$ など複数の可能性がある。終域をそれらのいずれにするかは，その関数を用いる目的，意図に依存する。f の逆関数を考える際には，少なくとも f の像と終域が一致していなければならない。その場合には終域を $[0, \infty)$ とするほうが都合がよい。一方，他の実数値関数との演算を考える場合には終域を $\mathbf{R}$ とするほうが都合がよい。このように，関数の終域は関数に固有のものというよりも，むしろ話者や著者がそ

の関数をどのようなものとみなしているかを示すものである。その関数に固有のものではない，すなわち関数の定義から自動的に決まるものではないからこそ，終域を関数の定義とは別に明記する必要がある。

一方，始域も状況に応じて制限されたり，拡張されたりする。例えば，二つの関数

$$f(x) = \sqrt{x} \quad (x \in [0, \infty)) \tag{4.19}$$

$$g(x) = x \qquad (x \in \mathbf{R}) \tag{4.20}$$

の和 $f+g$ は $(f+g)(x) = \sqrt{x} + x$ である。ただし，その始域は $[0, \infty)$ であり，g の始域とは異なっている。厳密にいえば，この和の演算は，まず g の始域を $[0, \infty)$ に制限した

$$\bar{g}(x) = x \quad (x \in [0, \infty)) \tag{4.21}$$

を定めたうえで f と $\bar{g}$ との和が行われている。同様にして

$$f(x) = \sqrt{x} \qquad (x \in [0, \infty)) \tag{4.22}$$

$$g(x) = \sqrt{2-x} \quad (x \in (-\infty, 2]) \tag{4.23}$$

の和を行う際には，それぞれの始域を $[0, \infty) \cap (-\infty, 2] = [0, 2]$ に制限した

$$\bar{f}(x) = \sqrt{x} \qquad (x \in [0, 2]) \tag{4.24}$$

$$\bar{g}(x) = \sqrt{2-x} \quad (x \in [0, 2]) \tag{4.25}$$

を定めたうえで $\bar{f}$ と $\bar{g}$ の和 $\bar{f} + \bar{g}$ の演算が行われている。このように，始域は暗黙のうちに制限されていることが多い。ただし，自明でない演算を行う場合などには，演算を定義する際に始域を陽に制限することもある。

一方，始域の拡張は高校数学でも行われていた。例えば三角関数は最初 $[0, \pi/2]$ でしか定義されていなかったが，その始域は $\mathbf{R}$ に拡張されている。また $a > 0$ に対する指数関数 $f(x) = a^x$ も，当初は自然数の x に対してのみ定義されていたものが，その始域は $\mathbf{R}$ にまで拡張されている。始域の拡張はそれ自体が数学の

発展である。美しい式として稀に紹介される $e^{\mathrm{i}\pi} = -1$ も，指数関数 $f(x) = e^x$ の始域を $\mathbf{C}$ に拡張したことにより得られた結果である。この拡張も大学数学で扱われる。

単に始域を拡張するだけなら，それは常に可能である。例えば，$f : \mathbf{R} \to \mathbf{R}$ が与えられたとき

$$F(x) = \begin{cases} f(x) & (x \in \mathbf{R}) \\ 0 & ((x \in \mathbf{C}) \wedge (x \notin \mathbf{R})) \end{cases} \tag{4.26}$$

とすれば始域を $\mathbf{C}$ に拡張した関数 $F : \mathbf{C} \to \mathbf{C}$ を定義することができる。しかしながら，このような拡張を行っても，その利用価値はあまりないであろう。始域を拡張する場合には，もとの関数がもっている性質が保存されることが望ましい。例えば，指数関数の始域を $\mathbf{C}$ に拡張するのであれば，任意の x，$y \in \mathbf{C}$ に対して $a^{x+y} = a^x \cdot a^y$ が成り立つように拡張できることが望ましい。そのような拡張ができるか否かは自明ではない。それ故に，始域の（意味のある）拡張ができれば，それ自体が数学の一つの発展である。

集合は関数の始域，終域を指定するときだけでなく，関数に関する事実を述べる際にも現われる。そうした集合の中には，$\mathbf{R}$ や $[a, b]$ などの特定された集合の他に「**近傍**《きんぼう》」が用いられることがある。近傍は事前に特定された集合ではなく，「ある開集合が存在して」の意味である。例えば

> 実数 $a \in \mathbf{R}$ の近傍で定義される実数値連続関数 f が $f(a) \neq 0$ を満足するとき，a の近傍の任意の x において $f(x) \neq 0$ である。

と書かれていたとき，最初の仮定は

> ある $\delta > 0$ が存在して，f は区間 $(a - \delta, a + \delta)$ 上で定義されている。

の意味である。同様に後半の主張は

> ある $\varepsilon > 0$ が存在して，任意の $x \in (a - \varepsilon, a + \varepsilon)$ に対して $f(x) \neq 0$ である。

の意味である。

開集合が存在することと $\varepsilon > 0$ が存在することの間にギャップを感じるかもしれないが，両者は同値である。実際，$\varepsilon > 0$ が存在すれば $(a-\varepsilon, a+\varepsilon)$ は開集合である。逆に a を内部に含む開集合 S が存在すれば，十分小さな $\varepsilon > 0$ に対して $a \in (a-\varepsilon, a+\varepsilon) \subseteq S$ が成り立つ。よって，開集合が存在することと $\varepsilon > 0$ が存在することは同値である。$(a-\varepsilon, a+\varepsilon)$ のことを a の **ε 近傍**ということもある。

演習 4.5　関数 $f: \mathbf{R} \to \mathbf{R}$ を

$$f(x) = -x^2 + 3 \quad (x \in \mathbf{R}) \tag{4.27}$$

とする。このとき，f は $x = 0$ の近傍で正であることを示せ。

近傍の意味がわかると，逆に近傍の議論が成り立たない場合があるのかと疑問に感じるかもしれない。しかし，「近傍において○○である」という主張は常に成り立つわけでない。例えば，前述の記述の「$\neq 0$」を「$= 0$」に変更した

> 実数 $a \in \mathbf{R}$ の近傍で定義される実数値連続関数 f が $f(a) = 0$ を満足するとき，a の近傍の任意の x において $f(x) = 0$ である。

は一般には成り立たない。実際，関数 $f(x) = x$ は $a = 0$ のとき $f(a) = 0$ であるが，任意の $x \neq a$ に対して $f(x) \neq 0$ である。この関数は，上記の記述を満足する近傍が存在しないことを示す例となっている。少しややこしいが，「a の近傍で成り立つ」という主張は「『a の近くを含めて考えたとき a 以外の点では成り立たず，a だけで成り立つ』ことはありえない」という意味である。

このように数学の主張には，一つ一つの言葉，記号に明確な意味がある。よって，個々の言葉，記号の意味を理解できていなければ，各主張を理解することはできない。定理や命題を理解できない場合には，まずそこで使われている個々の言葉，記号の意味を確認する必要がある。

4.4　複数の変数に依存する関数と演算の順序

高校数学では基本的には独立変数が一つだけの場合が扱われるが，大学数学では複数の独立変数に依存する関数が扱われる。特に，それらの変数に関する極限や微分，積分が扱われる。その際，各変数に関する操作の順序によって一般には結果が変わる。このことを，まず数列に対する極限操作で確認しよう。

2 変数 $m \in \mathbf{N}$，$n \in \mathbf{N}$ に依存する数列 $a_{m,n}$ に対して，m と n をそれぞれ限りなく大きくした極限を考えよう。このとき，m を限りなく大きくしたあとに n を限りなく大きくした極限と，逆に n を限りなく大きくしたあとに m を限りなく大きくした場合の結果は一般には一致しない。例えば

$$a_{m,n} = \frac{m}{m+n} \tag{4.28}$$

とすると

$$\lim_{m\to\infty} a_{m,n} = 1, \qquad \lim_{n\to\infty} a_{m,n} = 0 \tag{4.29}$$

となる。よって

$$\lim_{n\to\infty}\lim_{m\to\infty} a_{m,n} = 1, \qquad \lim_{m\to\infty}\lim_{n\to\infty} a_{m,n} = 0 \tag{4.30}$$

であるので両者は一致しない。

式 (4.30) は $\lim\limits_{m\to\infty}$ と $\lim\limits_{n\to\infty}$ の二つの操作を入れ替えると結果が変わることを意味している。これを数学では「$\lim\limits_{m\to\infty}$ と $\lim\limits_{n\to\infty}$ は**順序の交換**ができない」という。「交換ができない」は結果を変えずに交換することはできない，という意味であり，交換してはならないルールになっているという意味ではない。

一般には順序の交換ができないが，これはすべての数列において交換不能であることを意味しない。例えば $a_{m,n}$ を

$$a_{m,n} = \frac{3mn - 4m + n}{mn - 2m + n - 2} \tag{4.31}$$

とすると

$$\lim_{m\to\infty}\lim_{n\to\infty} a_{m,n} = \lim_{n\to\infty}\lim_{m\to\infty} a_{m,n} = 3 \tag{4.32}$$

となって両者は一致する。すなわち，この場合には $\lim\limits_{m\to\infty}$ と $\lim\limits_{n\to\infty}$ は順序の交換が可能である。

演習 4.6 式 (4.32) が成り立つことを示せ。

順序の交換が可能である場合には以下の式変形が可能になる。

$$\begin{aligned}
&\lim_{m\to\infty}\lim_{n\to\infty} a_{m,n} + \lim_{n\to\infty}\lim_{\ell\to\infty} b_{n,\ell} \\
&\quad = \lim_{n\to\infty}\lim_{m\to\infty} a_{m,n} + \lim_{n\to\infty}\lim_{\ell\to\infty} b_{n,\ell} \\
&\quad = \lim_{n\to\infty}\left(\lim_{m\to\infty} a_{m,n} + \lim_{\ell\to\infty} b_{n,\ell}\right)
\end{aligned} \tag{4.33}$$

このような式変形から新しい発見がもたらされる場合もあるので，順序の交換ができると，それだけでメリットがある。

順序の交換が可能か否かは，対象となる数列に依存する。よって，順序の交換が可能であることを確かめるには，一般には実際に両者を計算して比較する必要がある。しかしながら，これでは数列が陽に与えられていない場合や，与えらえていても極限を求められない場合には成す術《すべ》がない。このような場合，十分条件でもよいので，順序の交換が可能となる条件があると有用である。

そのような条件を与えることは可能である。例えば，$n \to \infty$ で収束する数列 a_n，b_n（$n \in \mathbf{N}$）を用いて，数列 $c_{m,n}$，$d_{m,n}$ を

$$c_{m,n} = a_m \cdot b_n, \quad d_{m,n} = a_m + b_n \tag{4.34}$$

と定めると

$$\lim_{m\to\infty}\lim_{n\to\infty} c_{m,n} = \lim_{m\to\infty} a_m \cdot b_\infty = a_\infty \cdot b_\infty \tag{4.35}$$

$$\lim_{n\to\infty}\lim_{m\to\infty} c_{m,n} = \lim_{n\to\infty} a_\infty \cdot b_n = a_\infty \cdot b_\infty \tag{4.36}$$

$$\lim_{m\to\infty}\lim_{n\to\infty} d_{m,n} = \lim_{m\to\infty}(a_m + b_\infty) = a_\infty + b_\infty \tag{4.37}$$

$$\lim_{n\to\infty}\lim_{m\to\infty} d_{m,n} = \lim_{n\to\infty}(a_\infty + b_n) = a_\infty + b_\infty \tag{4.38}$$

が成り立つ。このように，数列が式 (4.34) の仮定を満たしていれば，a_n，b_n，$c_{m,n}$，$d_{m,n}$ の詳細にかかわらず $\lim_{m\to\infty}$ と $\lim_{n\to\infty}$ は順序の交換が可能である。このことは，式 (4.34) の仮定が $\lim_{m\to\infty}$ と $\lim_{n\to\infty}$ の順序の交換が可能となるための十分条件となっていることを意味している。

式 (4.34) の十分条件を用いると，式 (4.31) の数列に対して $\lim_{m\to\infty}$ と $\lim_{n\to\infty}$ の順序の交換が可能となることを実際に計算することなく結論づけることができる。式 (4.31) の数列は

$$a_{m,n} = b_m + c_n, \quad b_m = \frac{2\,m}{m+1}, \quad c_n = \frac{n}{n-2} \tag{4.39}$$

と書くことができる。ここで，b_n，c_n いずれも $n \to \infty$ で収束する数列である。よって，式 (4.34) と式 (4.39) より，式 (4.31) の数列では $\lim_{m\to\infty}$ と $\lim_{n\to\infty}$ の順序の交換が可能である。

演習 4.7　式 (4.31) の数列に対して式 (4.39) の等号が成り立つことを示せ。

式 (4.34) は十分条件であって必要条件とは限らない。高校数学ではほとんどすべてが必要十分条件であったが，大学数学では必要十分条件が得られることはむしろ稀であり，必要十分条件にはならない必要条件あるいは十分条件しか与えられないことのほうが多い。これは，現実の世界が高校数学の世界ほど単純ではないことによる。

以上は二つの変数に依存する数列と，それに対する二つの極限操作の順序に関する議論であった。大学数学では，複数の変数に依存する関数に対して，それぞれの変数に対する極限操作や微分，積分などの順序の交換可能性が議論される。例えば，関数 $f(x,y)$ に対して $\lim_{x\to a}\int_b^c f(x,y)\,dy$ と $\int_b^c \lim_{x\to a} f(x,y)\,dy$ が等しくなるための条件などが議論される。その背景や考え方は上記の数列と同様である。すなわち，一般には順序の交換は不可能であるが，仮に順序の交換ができれば，それ自体が有用な結果をもたらす。そこで，順序の交換が可能になるための十分条件についての議論が行われる。前提として「順序の交換ができてあたりまえ」ではないことを理解していれば，読解できるであろう。

第 5 章

高校と大学の授業はこれだけ違う

5.1　大学における授業と勉学

「高校と大学では授業の方法が異なる」といっても，大学の授業では常人に理解できない話がされるわけではない。教員が話すスピードや個々の内容の難易度は（本書のここまでの内容を補ったあとなら）高校とそれほど大きくは違わない。それにもかかわらず，両者は大きく異なる。

高校では新しい内容が説明されると，練習問題を解くことにかなりの時間が割かれる。例えば，1 回 50 分の授業の中で一つの事柄が説明されると，その回の残り時間，およびそれに続く数回の授業は関連する練習問題を解くことにあてられる。その結果，高校の授業の内容は教科書の内容を越えることはあっても，それを下回ることはまずない。実際，高校では数学の教科書を読む必要はほとんど無かったであろう。

一方，大学では 1 回 90 分の授業のほとんどの時間が講義にあてられる。科目によっては，その講義に関連する演習が講義 1 回に対して 0.5 回（45 分）あるいは 1 回程度ある場合もあるが，演習のない科目も多い。このように，高校と比べると大学では練習問題に割かれる時間はほとんどないといってもよい。さらに，大学の講義は教科書の一部を抜粋して説明しているのであり，講義の内容が教科書すべてをカバーすることはほとんどない（**図 5.1**）。すなわち，大学の講義はあくまでも教科書を読むための手助けであって，教科書の内容すべてを

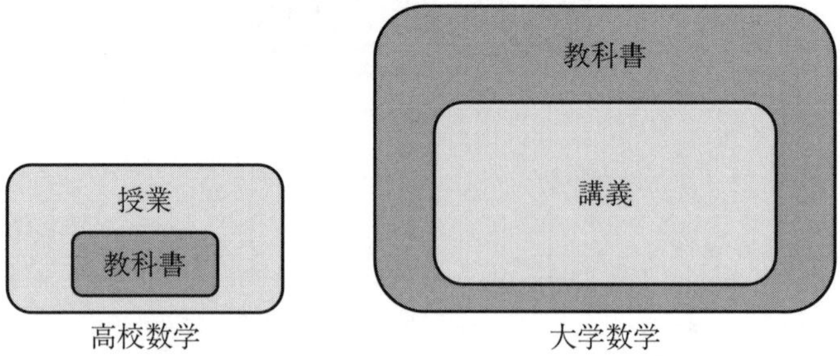

図 5.1　教科書と授業

説明するものではない。むしろ，大学では講義の内容を手掛りにして，教科書を自分で読み解くことが求められている。これが高校と大学の違いの核心である。

教科書を自分で読み解く必要があるが，だからといって，高校のように練習問題を数多く解くことが求められているわけではない。大学では学ぶ量が高校とは比べものにならないほど増えるので，それぞれに高校と同じ労力をかける余裕はない。また，大学数学で求められるものは計算よりも論理の理解である。論理の理解はその道筋を追えるか否かの問題であり，訓練の量でどうにかなるようなものではない。

そもそも「理解する」ことは，単に見る／聞くなどの経験をすることでも，単に覚えることでもない。理解とは，知識を自分の中で再構築することである(**図 5.2**)。正しく再構築できないと，誤解 (**図 5.3**) を生じたり，理解不足 (**図 5.4**)

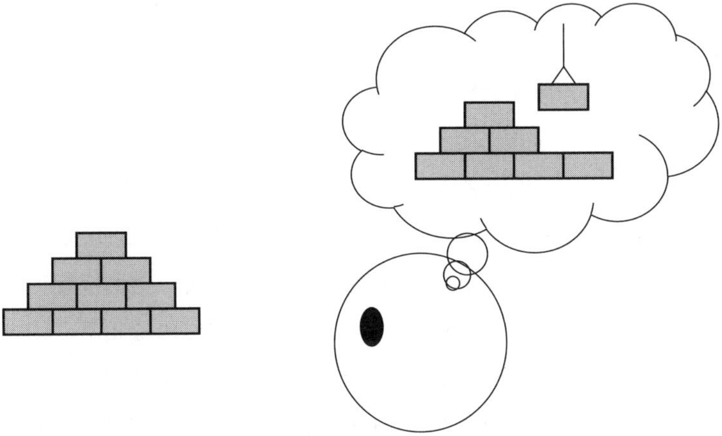

図 5.2　理解は知識の再構築

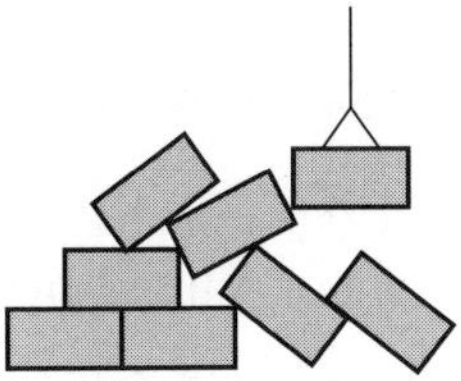

図 5.3　誤　解

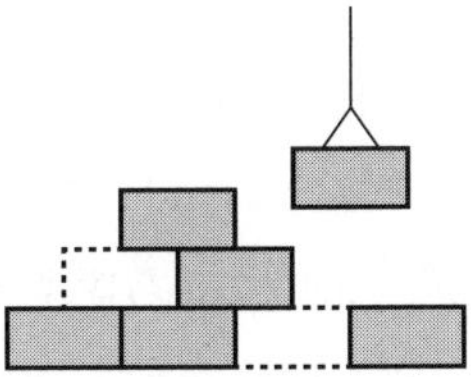

図 5.4　理解不足

に陥いったりする。

一般に，理解は容易ではない。それは主に以下の理由による。

- 正しく理解できているか否かがわかりにくい
- そもそもうまく再構築できない

人から指摘されて始めて自分の誤りに気づくことは誰しも経験したことがあるであろう。このように，自分の誤解に自分で気づくことは難しいのである。また，うまく再構築できないのは，ほとんどの場合，その前の段階に誤解や理解不足があるためである。図 5.3，図 5.4 のように土台が崩れていれば，その上に新しいものを正しく積み上げることはできない。その場合には，前の段階に戻って理解を修正する必要がある。前の段階の理解が不正確なら，さらにその前の段階に戻る必要もある。このようなことを行うためは，理解できている部分とできていない部分の境界を見極める必要がある。以上のことから，何かを理解するためには，正しく理解できているか否かを確かめる方法が必要になる。

大学で教科書を自分で読み解くためには，自分の誤解や理解不足を自分自身で発見することが求められる。論理の理解が正しいか否かを確かめたければ，その論理を誰かに説明してみるとよい。説明できなければ，理解できていないことを自覚することができる。会話が噛《か》み合うためには，説明の相手は自分と同程度の理解であるほうがよい。しかしながら，そのような相手をいつも見つけられるとは限らない。そこで，そのような場合には自分を相手として説明を試みればよい。自分に説明するのであれば，いつでも，どこでも可能である。説明といっても声に出して説明する必要はなく，自分の中で自分と対話すればよい。

ただし，自分が相手だと，わかったつもりになって途中を読み飛ばす可能性が高い。そうならないように，あるいは，そうできないように，手を動かして個々の説明を逐一追いながら説明するのである。それで説明できない部分があれば，その部分を理解できていないことがわかる。まえがきで手を動かして確かめて欲しいと書いたのは，このような理由からである。

上記の読み飛ばしは式を読む際に特に起こりやすい。数式は文章に比べて情報の密度が高いため，数式の理解は文章の理解よりも時間を要するものである。このことがわかっていないと，ついつい前後の文章と同じスピードで数式を読もうとしてしまう。その結果，書かれている数式の内容を十分に把握しないまま先に進んでしまいがちである。このようなことを防ぐため，数式を読む際には特に手を動かしながら読むほうがよい。

数学は論理の積み重ねである。記号や用語の意味はあらかじめ明確に定義され，それらを組み合わせて命題や主張が構成される。そのため，命題や主張の意味がそれより後の文脈によって決まることは決してない。例えば，前述した中間値の定理はそれ単体で意味が確定しており，その意味が文脈によって変わることはない。このことは，ある部分を読み飛ばしたとき，その部分の意味が後になって判明することはないこと，その部分以降の理解が不完全になることなどを意味している。よって，読み飛ばしは百害あって一利無しである。

以上のように，大学では講義内容を理解するために必要な努力は学生側にまかされている。学生はこのことに早く気づいて意識を変え，授業を受講する方法を変える必要がある。ただ，大学1年生の最初の半年は講義も易しく，内容を何となく理解できるため，高校と大学の違いの本質に気づくのが遅れる傾向にある。賢明な読者におかれては，早く気づき，早く行動に移されることをお勧めする。

5.2　より深く理解したい

大学数学では高校数学よりはるかに深い内容が扱われるが，それでも数学を専門とする学科を除けば，基礎的な内容の授業は大学1年の1年間にしか行われない。その結果，授業の内容は基礎でありながらも応用に関連するものに限定されがちである。しかしながら，そうした内容の意味は，その背景にある基礎知識を理解していないとわからない場合も多い。そこで，より深くきちんと理解したい場合には，自分でそれを補う必要がある。特に重要なのは実数に対する理解であり，それには実数集合の濃度と実数集合の連続性の理解が必要である。それぞれの内容を理解するには文献 1), 4) が読み易くて適している。いずれも後半はかなり高度な内容が含まれているので，わかる範囲まで読むのでも十分であろう。高度な内容はあとで必要になったときに読むことでもよいと思われる。

♪ テレレレッテッテッテー

読者は　レベルが　上がった！
大学数学を読み解く力を　手に入れた！

演習の解答例

第 2 章
第 3 章
第 4 章

第2章

演習 2.1　表 **A.1** のとおりである。

表 **A.1**　式 (2.5) ～ (2.7) の真理値表

A	$A \wedge A$	$A \wedge \mathrm{T}$	$A \wedge \mathrm{F}$
T	T	T	F
F	F	F	F

演習 2.2　表 **A.2**，表 **A.3**，表 **A.4** のとおりである。

表 **A.2**　式 (2.9) の真理値表

A	B	$A \vee B$	$B \vee A$
T	T	T	T
T	F	T	T
F	T	T	T
F	F	F	F

表 **A.3**　式 (2.10) ～ (2.12) の真理値表

A	$A \vee A$	$A \vee \mathrm{T}$	$A \vee \mathrm{F}$
T	T	T	T
F	F	T	F

表 **A.4**　式 (2.13) の真理値表

A	B	C	$A \vee B$	$(A \vee B) \vee C$	$B \vee C$	$A \vee (B \vee C)$
T	T	T	T	T	T	T
T	T	F	T	T	T	T
T	F	T	T	T	T	T
T	F	F	T	T	F	T
F	T	T	T	T	T	T
F	T	F	T	T	T	T
F	F	T	F	T	T	T
F	F	F	F	F	F	F

演習 2.3　表 **A.5** のとおりである。

表 **A.5**　式 (2.15) の真理値表

A	B	C	$B \wedge C$	$A \vee (B \wedge C)$	$A \vee B$	$A \vee C$	$(A \vee B) \wedge (A \vee C)$
T	T	T	T	T	T	T	T
T	T	F	F	T	T	T	T
T	F	T	F	T	T	T	T
T	F	F	F	T	T	T	T
F	T	T	T	T	T	T	T
F	T	F	F	F	T	F	F
F	F	T	F	F	F	T	F
F	F	F	F	F	F	F	F

演習 2.4　表 **A.6** のとおりである。

表 **A.6**　$A \wedge (B \vee C)$, $(A \wedge B) \vee C$, $A \vee (B \wedge C)$, $(A \vee B) \wedge C$ の真理値表

A	B	C	$A \wedge (B \vee C)$	$(A \wedge B) \vee C$	$A \vee (B \wedge C)$	$(A \vee B) \wedge C$
T	T	T	T	T	T	T
T	T	F	T	T	T	F
T	F	T	T	T	T	T
T	F	F	F	F	T	F
F	T	T	F	T	T	T
F	T	F	F	F	F	F
F	F	T	F	T	F	F
F	F	F	F	F	F	F

演習 2.5　表 **A.7** のとおりである。

表 **A.7**　式 (2.20) の真理値表

A	B	$\neg(A \vee B)$	$\neg A$	$\neg B$	$(\neg A) \wedge (\neg B)$
T	T	F	F	F	F
T	F	F	F	T	F
F	T	F	T	F	F
F	F	T	T	T	T

演習 2.6　以下のとおりである。

$$\begin{aligned}\neg(A_1 \vee A_2 \vee A_3) &\Leftrightarrow \neg((A_1 \vee A_2) \vee A_3)\\ &\Leftrightarrow (\neg(A_1 \vee A_2)) \wedge (\neg A_3)\\ &\Leftrightarrow ((\neg A_1) \wedge (\neg A_2)) \wedge (\neg A_3)\\ &\Leftrightarrow (\neg A_1) \wedge (\neg A_2) \wedge (\neg A_3) \qquad \text{(A.1)}\end{aligned}$$

演習 2.7　$i=1$ の場合，命題の文章は「任意の $x \in X_1$ に対して $x^2-10x+24 \geq 0$ である」。$P(1)=15 \geq 0$，$P(2)=8 \geq 0$，$P(3)=3 \geq 0$ より $\forall x \in X_1 \quad P(x)$ は真である。

$i=2$ の場合，命題の文章は「任意の $x \in X_2$ に対して $x^2-10x+24 \geq 0$ である」。$P(3) \geq 0$，$P(4)=0 \geq 0$，$P(5)=-1 \ngeq 0$ より $\forall x \in X_2 \quad P(x)$ は偽である。

演習 2.8　x を X の任意の元とする。このとき，$x \geq 1$ および $x \leq 2$ が成り立つ。$x \leq 2$ より $x-3 \leq -1 < 0$ が成り立つ。一方，$x \geq 1$ より $x+1 \geq 2 > 0$ が成り立つ。よって，$(x-3)(x+1) < 0$ であるので $P(x)$ は真である。x は任意の元であったので $\forall x \in X \quad P(x)$ も真である。

演習 2.9　$i=1$ の場合，命題の文章は「ある $x \in X_1$ が存在して $x^2-10x+22 \geq 0$ である」。$P(3)=1 \geq 0$，$P(4)=-2 \ngeq 0$，$P(5)=-3 \ngeq 0$ より $\exists x \in X_1 \quad P(x)$ は真である。

$i=2$ の場合，命題の文章は「ある $x \in X_2$ が存在して $x^2-10x+22 \geq 0$ である」。$P(4) \ngeq 0$，$P(5) \ngeq 0$，$P(6)=-2 \ngeq 0$ より $\exists x \in X_2 \quad P(x)$ は偽である。

演習 2.10　$x=5$ とすると，明らかに $x \in X$ である。さらに

$$P(5) : 5^2 - 6 \cdot 5 + 2 = -3 < 0 \qquad \text{(A.2)}$$

が成り立つ。よって，$\exists x \in X \quad P(x)$ は真である。

演習 2.11　それぞれ以下のとおりである。

(1)　ある $x \in \{1,2,3\}$ が存在して $x \ngtr 0$ である。

(2)　任意の $x \in \{1,2,3\}$ に対して $x \nless 0$ である。

いずれも x は実数の範囲しか考えていないので，上記の命題はそれぞれ以下のように書いても構わない†。

---

†　例えば x の候補に複素数が入っていると $x \ngtr 0$ と $x \leq 0$ は異なる条件である。

(1)　ある $x \in \{1,2,3\}$ が存在して $x \leq 0$ である。

(2)　任意の $x \in \{1,2,3\}$ に対して $x \geq 0$ である。

演習 2.12　それぞれの否定が真であることを示せばよい。

(1)　「任意の $x \in \mathbf{R}$ に対して $x > 0$ である」の否定は「ある $x \in \mathbf{R}$ が存在して $x \not> 0$（すなわち $x \leq 0$）である」。ここで $x = -1$ とすれば $x \leq 0$ である。命題の否定が真であるので元の命題は偽である。

(2)　「任意の $x > 0$ に対して $x^2 - 3x + 2 > 0$ である」の否定は「ある $x > 0$ が存在して $x^2 - 3x + 2 \not> 0$（すなわち $x^2 - 3x + 2 \leq 0$）である」。ここで $x = 1$ とすると $x^2 - 3x + 2 = 0 \leq 0$ である。命題の否定が真であるので元の命題は偽である。

演習 2.13　それぞれの否定が真であることを示せばよい。

(1)　「ある $x \in \mathbf{R}$ が存在して $x^2 < 0$ である」の否定は「任意の $x \in \mathbf{R}$ に対して $x^2 \not< 0$（すなわち $x^2 \geq 0$）である」。任意の実数 x に対して $x^2 \geq 0$ が成り立つので後者の命題は真である。命題の否定が真であるので元の命題は偽である。

(2)　「ある $x > 0$ が存在して $x^2 + 3x + 2 < 0$ である」の否定は「任意の $x > 0$ に対して $x^2 + 3x + 2 \not< 0$（すなわち $x^2 + 3x + 2 \geq 0$）である」。x を任意の正の実数とする。このとき，$x + 2 > 0$，$x + 1 > 0$ が成り立つので $x^2 + 3x + 2 = (x+2)(x+1) \geq 0$ が成り立つ。命題の否定が真であるので元の命題は偽である。

演習 2.14

(1)　式 (2.44) は次式と等価である。

$$
\begin{aligned}
&\forall x \in X \quad (|x-2| \leq 1) \vee (|x-4| \leq 1) \\
&\quad \Leftrightarrow \quad ((|1-2| \leq 1) \vee (|1-4| \leq 1)) \wedge ((|3-2| \leq 1) \vee (|3-4| \leq 1)) \\
&\qquad\quad \wedge ((|5-2| \leq 1) \vee (|5-4| \leq 1)) \\
&\quad \Leftrightarrow \quad ((1 \leq 1) \vee (3 \leq 1)) \wedge ((1 \leq 1) \vee (1 \leq 1)) \wedge ((3 \leq 1) \vee (1 \leq 1)) \\
&\quad \Leftrightarrow \quad (\mathrm{T} \vee \mathrm{F}) \wedge (\mathrm{T} \vee \mathrm{T}) \wedge (\mathrm{F} \vee \mathrm{T}) \\
&\quad \Leftrightarrow \quad \mathrm{T} \wedge \mathrm{T} \wedge \mathrm{T} \quad \Leftrightarrow \quad \mathrm{T}
\end{aligned}
\tag{A.3}
$$

よって，式 (2.44) の命題は真である。

(2)　式 (2.45) は次式と等価である。

$$
\begin{aligned}
&\exists y \in Y \quad (|1-y| \le 1) \wedge (|3-y| \le 1) \wedge (|5-y| \le 1) \\
&\quad \Leftrightarrow \quad ((|1-2| \le 1) \wedge (|3-2| \le 1) \wedge (|5-2| \le 1)) \vee ((|1-4| \le 1) \\
&\qquad\qquad \wedge (|3-4| \le 1) \wedge (|5-4| \le 1)) \\
&\quad \Leftrightarrow \quad ((1 \le 1) \wedge (1 \le 1) \wedge (3 \le 1)) \vee ((3 \le 1) \wedge (1 \le 1) \wedge (1 \le 1)) \\
&\quad \Leftrightarrow \quad (\mathrm{T} \wedge \mathrm{T} \wedge \mathrm{F}) \vee (\mathrm{F} \wedge \mathrm{T} \wedge \mathrm{T}) \\
&\quad \Leftrightarrow \quad \mathrm{F} \vee \mathrm{F} \quad \Leftrightarrow \quad \mathrm{F}
\end{aligned} \tag{A.4}
$$

よって，式 (2.45) の命題は偽である。

演習 2.15　それぞれ以下のとおりである。

(1)　任意の $x \in X$ に対して，ある $y \in Y$ が存在して $f(x, y) > 0$ である。

(2)　ある $y \in Y$ が存在して，任意の $x \in X$ に対して $f(x, y) > 0$ である。

演習 2.16　それぞれ以下のとおりである。

(1)

$$\forall x \in X \quad \exists y \in Y \quad g(x, y) \in \mathbf{R} \tag{A.5}$$

(2)

$$\exists y \in Y \quad \forall x \in X \quad g(x, y) \in \mathbf{R} \tag{A.6}$$

演習 2.17

証明　$x \in \mathbf{R}$ が任意に与えられたとする。このとき $y = x^2 + 1$ とすると $y \in \mathbf{R}$ で $y > x^2$ である。すなわち，ある $y \in \mathbf{R}$ が存在して $y > x^2$ が成り立つ。よって，命題が成り立つ。 □

演習 2.18

証明　$y = 10\,001$ とする。このとき $y \in \mathbf{R}$ である。x を $[-100, 100]$ の任意の元とすると $x^2 \le 10\,000$ が成り立つ。これより，任意の $x \in [-100, 100]$ に対して $y = 10\,001 > 10\,000 = x^2$ が成り立つ。よって，命題が成り立つ。 □

演習 2.19　それぞれの命題の否定は以下のとおりである。

(1)　ある $x \in \mathbf{R}$ が存在して，任意の $y \in [0,\ 1]$ に対して $y \leq x^2 + 3x + 2$ である。

これが真であることを証明すればよい。

証明　$x = 0$ とすると $x \in \mathbf{R}$ であり，なおかつ $x^2 + 3x + 2 = 2$ である。このとき，任意の $y \in [0,\ 1]$ に対して

$$y \leq 1 \leq 2 = x^2 + 3x + 2 \tag{A.7}$$

が成り立つ。よって証明された。□

---

(2)　任意の $x > 0$ に対して，ある $y \in \mathbf{R}$ が存在して $x \leq y^2 + 3y + 2$ である。

これが真であることを証明する。

証明　$x > 0$ が任意に与えられたとする。このとき，$y = (1/3)x$ とすると $y \in \mathbf{R}$ であり

$$y^2 + 3y + 2 = \frac{1}{9}x^2 + x + 2 \geq x \tag{A.8}$$

が成り立つ。よって証明された。□

演習 2.20　式 (2.56) 左辺について以下の関係が成り立つ。

$$\begin{aligned}
&\forall x \in X \quad \forall y \in Y \quad P(x, y) \\
&\quad \Leftrightarrow \quad \forall x \in X \quad P(x, y_1) \wedge P(x, y_2) \\
&\quad \Leftrightarrow \quad (P(x_1, y_1) \wedge P(x_1, y_2)) \wedge (P(x_2, y_1) \wedge P(x_2, y_2)) \\
&\quad \Leftrightarrow \quad P(x_1, y_1) \wedge P(x_1, y_2) \wedge P(x_2, y_1) \wedge P(x_2, y_2)
\end{aligned} \tag{A.9}$$

一方，右辺については以下の関係が成り立つ。

$$\begin{aligned}
&\forall y \in Y \quad \forall x \in X \quad P(x, y) \\
&\quad \Leftrightarrow \quad \forall y \in Y \quad P(x_1, y) \wedge P(x_2, y) \\
&\quad \Leftrightarrow \quad (P(x_1, y_1) \wedge P(x_2, y_1)) \wedge (P(x_1, y_2) \wedge P(x_2, y_2)) \\
&\quad \Leftrightarrow \quad P(x_1, y_1) \wedge P(x_2, y_1) \wedge P(x_1, y_2) \wedge P(x_2, y_2) \\
&\quad \Leftrightarrow \quad P(x_1, y_1) \wedge P(x_1, y_2) \wedge P(x_2, y_1) \wedge P(x_2, y_2)
\end{aligned} \tag{A.10}$$

よって，式 (2.56) の両辺は同値である。

式 (2.57) の同値性も上記の $\wedge$ を $\vee$ に入れ替えて考えれば同様に示すことができる。

演習 2.21

証明　以下の同値変形により示される。

$$
\begin{aligned}
&\forall x \in X \quad (\text{「}x\text{ が偶数」} \;\Rightarrow\; (x > 3)) \\
&\quad\Leftrightarrow\; (\text{「1 が偶数」} \;\Rightarrow\; (1 > 3)) \wedge (\text{「3 が偶数」} \;\Rightarrow\; (3 > 3)) \wedge \\
&\qquad\quad (\text{「4 が偶数」} \;\Rightarrow\; (4 > 3)) \wedge (\text{「5 が偶数」} \;\Rightarrow\; (5 > 3)) \wedge \\
&\qquad\quad (\text{「8 が偶数」} \;\Rightarrow\; (8 > 3)) \\
&\quad\Leftrightarrow\; \mathrm{T} \wedge \mathrm{T} \wedge (\text{「4 が偶数」} \;\Rightarrow\; (4 > 3)) \wedge \\
&\qquad\quad \mathrm{T} \wedge (\text{「8 が偶数」} \;\Rightarrow\; (8 > 3)) \\
&\quad\Leftrightarrow\; (\text{「4 が偶数」} \;\Rightarrow\; (4 > 3)) \wedge (\text{「8 が偶数」} \;\Rightarrow\; (8 > 3)) \\
&\quad\Leftrightarrow\; \mathrm{T} \wedge \mathrm{T} \;\Leftrightarrow\; \mathrm{T}
\end{aligned}
\tag{A.11}
$$

□

演習 2.22

証明　$x \in \mathbf{R}$ が $x > 2$ を満足するならば $x > 0$ かつ $x - 2 > 0$ が成り立つ。このとき $x^2 - 2x = x(x-2) > 0$ である。よって証明された。　□

演習 2.23　**表 A.8** より示される。

表 A.8　式 (2.68) の真理値表

A	B	$A \Rightarrow B$	$\neg A$	$(\neg A) \vee B$
T	T	T	F	T
T	F	F	F	F
F	T	T	T	T
F	F	T	T	T

演習 2.24 それぞれ以下のとおりである。

$$
\begin{aligned}
A \Rightarrow (B \wedge C) &\Leftrightarrow \neg A \vee (B \wedge C) \\
&\Leftrightarrow (\neg A \vee B) \wedge (\neg A \vee C) \\
&\Leftrightarrow (A \Rightarrow B) \wedge (A \Rightarrow C) \qquad \text{(A.12)} \\
(A \vee B) \Rightarrow C &\Leftrightarrow (\neg A \wedge \neg B) \vee C \\
&\Leftrightarrow (\neg A \vee C) \wedge (\neg B \vee C) \\
&\Leftrightarrow (A \Rightarrow C) \wedge (B \Rightarrow C) \qquad \text{(A.13)} \\
A \Rightarrow (B \vee C) &\Leftrightarrow \neg A \vee (B \vee C) \\
&\Leftrightarrow (\neg A \vee B) \vee C \\
&\Leftrightarrow (A \wedge \neg B) \Rightarrow C \qquad \text{(A.14)}
\end{aligned}
$$

演習 2.25

証明 (必要性の証明) 方程式の解の実部はすべて負とする。解が実数のとき，解を $s < 0$, $t < 0$ とする。このとき

$$x^2 + ax + b = (x - s)(x - t) = x^2 - (s + t)x + st \qquad \text{(A.15)}$$

が成り立つ。これより $a = -(s + t) > 0$, $b = st > 0$ である。解が共役複素数のとき，解を $x = -s \pm t\mathtt{i}$ とする。ただし，$s > 0$, $t \in \mathbf{R}$ であり，$\mathtt{i}$ は虚数単位である。このとき

$$x^2 + ax + b = (x - (-s + t\mathtt{i}))(x - (-s - t\mathtt{i})) = x^2 + 2sx + s^2 + t^2 \qquad \text{(A.16)}$$

が成り立つ。これより $a = 2s > 0$, $b = s^2 + t^2 > 0$ である。
(十分性の証明) $a > 0$, $b > 0$ が成り立つと仮定する。このとき，2 次方程式の解は

$$x = \frac{-a \pm \sqrt{a^2 - 4b}}{2} \qquad \text{(A.17)}$$

である。$a^2 - 4b < 0$ の場合，解の実部 $-a/2$ は負である。$a^2 - 4b \geq 0$ の場合，$-a + \sqrt{a^2 - 4b} < -a + \sqrt{a^2} = 0$ が成り立つので解はいずれも負である。よって，解の実部はすべて負である。 □

演習 2.26　対偶は「$b\,(p-x_0)-a\,(q-y_0)\neq 0$ ならば点 (x_0,y_0) は点 A から最も近い直線上の点ではない」である。これが成り立つことを証明する。

証明　$\delta=b\,(p-x_0)-a\,(q-y_0)\neq 0$ とし，$f\in\mathbf{R}$，$g\in\mathbf{R}$ を

$$f=\varepsilon\,b\,\delta,\quad g=-\varepsilon\,a\,\delta,\quad \varepsilon=\frac{1}{a^2+b^2}>0 \tag{A.18}$$

と定める。このとき

$$a\,(x_0+f)+b\,(y_0+g)=a\,x_0+b\,y_0=c \tag{A.19}$$

が成り立つので点 (x_0+f,y_0+g) は直線上の点である。さらに

$$\begin{aligned}
&(p-(x_0+f))^2+(q-(y_0+g))^2\\
&\quad=((p-x_0)-f)^2+((q-y_0)-g)^2\\
&\quad=(p-x_0)^2+(q-y_0)^2\\
&\qquad-2f(p-x_0)-2g(q-y_0)+f^2+g^2\\
&\quad=(p-x_0)^2+(q-y_0)^2-2\,\varepsilon\,\delta^2+\varepsilon^2\,\delta^2(a^2+b^2)\\
&\quad=(p-x_0)^2+(q-y_0)^2-\varepsilon\,\delta^2(2-\varepsilon(a^2+b^2))\\
&\quad=(p-x_0)^2+(q-y_0)^2-\varepsilon\,\delta^2\\
&\quad<(p-x_0)^2+(q-y_0)^2
\end{aligned} \tag{A.20}$$

が成り立つ。これは，点 (x_0,y_0) よりも点 (x_0+f,y_0+g) のほうが点 A に近いことを意味している。よって，点 (x_0,y_0) は点 A から最も近い直線上の点ではない。　□

演習 2.27

証明　次の関係から示される。

$$(\mathrm{T}\Rightarrow A)\quad\Leftrightarrow\quad(\mathrm{F}\vee A)\quad\Leftrightarrow\quad A \tag{A.21}$$

□

演習 2.28

証明 素数が有限個しかないと仮定して矛盾を導く。素数は $p_1 = 2$, $p_2 = 3$, $\ldots$, p_N の N 個しかないと仮定する。ここで

$$p = p_1 \times p_2 \times \cdots \times p_N + 1 \tag{A.22}$$

とする。このとき, p は明らかに自然数で $p_1 \sim p_N$ のいずれでも割り切れない。よって, p は $p_1 \sim p_N$ のいずれとも異なる素数である。これは素数が N 個しかないことに矛盾する。 □

演習 2.29

証明 $a_1 = a_2$ であるが直線 $y = a_1\, x + b_1$, $y = a_2\, x + b_2$ は平行ではない, と仮定して矛盾を導く。平行ではないので 2 直線は交点をもつ。その交点を (x_0, y_0) とすると

$$y_0 = a_1\, x_0 + b_1 = a_2\, x_0 + b_2 \tag{A.23}$$

が成り立つ。これと $a_1 = a_2$ より $b_1 = b_2$ が導かれるが, これは仮定と矛盾する。 □

演習 2.30

証明 $a, b \in \mathbf{R}$ は $x^3 = 1$ の実数解とする。このとき $a \neq 0$, $b \neq 0$ で

$$0 = a^3 - b^3 = (a - b)(a^2 + ab + b^2) \tag{A.24}$$

が成り立つ。ここで

$$a^2 + ab + b^2 = \left(a + \frac{1}{2}b\right)^2 + \frac{3}{4}b^2 \tag{A.25}$$

であるが, a, b ともに非ゼロの実数であることから $a^2 + ab + b^2 > 0$ である。これより, $a - b = 0$ すなわち $a = b$ である。よって, $x^3 = 1$ の実数解は唯一である。 □

演習 2.31　まず，式 (2.93) ⇒ 式 (2.92) を説明する。式 (2.93) が成り立つと，どんな小さな $x > 0$ に対しても，それより小さい $y > 0$ が存在する。よって，式 (2.92) が成り立つ。

逆に式 (2.92) が成り立つとする。このとき，ある $x_* > 0$ 以下の任意の $x \leq x_*$ に対して，ある $y > 0$ が存在して $y < x$ が成り立つ。一方，x_* より大きな任意の $x > x_*$ に対しては $y = x_*$ が x よりも小さな実数である。以上より，任意の $x > 0$ に対して，ある $y > 0$ が存在して $y < x$ が成り立つので式 (2.93) が成り立つ。

演習 2.32

$$\exists y_* \in \mathbf{R} \quad \forall y < y_* \quad y < 1 \tag{A.26}$$

演習 2.33

証明

(1)　$N = 3$ とする。このとき，任意の $n \geq N$ に対して

$$|a_n - a_*| = \frac{1}{n} \leq \frac{1}{N} = \frac{1}{3} < \varepsilon \tag{A.27}$$

が成り立つ。よって，証明された。

(2)　$\varepsilon > 0$ が任意に与えられたとする。ここで N を $1/\varepsilon < N$ を満足する自然数とする。このとき，任意の $n \geq N$ に対して

$$|a_n - a_*| = \frac{1}{n} \leq \frac{1}{N} < \varepsilon \tag{A.28}$$

が成り立つ。よって，証明された。　□

演習 2.34　どんな大きな $K \in \mathbf{R}$ が与えられても，十分大きな $n \in \mathbf{N}$ に対して $a_n > K$ が成り立つ。

演習 2.35

証明　まず，2 は明らかに $(0, 2)$ の上界である。さらに，$\varepsilon > 0$ が任意に与えられたとする。このとき

$$x = \max\left(1, 2 - \frac{\varepsilon}{2}\right) \tag{A.29}$$

とすると, $x \in A$ かつ $2-\varepsilon < x$ が成り立つ。以上より 2 は集合 $(0,2)$ の上限である。 □

第 3 章

演習 3.1

証明　明らかに $1 \in \mathbf{R}$ であり, $1^2 - 2 \cdot 1 - 3 = -4 < 0$ であるので $1 \in S$ が成り立つ。 □

演習 3.2

$$\{ b^2 \mid b \in \mathbf{R}, \exists x \in \mathbf{Q} \quad x^2 + bx + 1 = 0 \} \tag{A.30}$$

演習 3.3

証明　$x \in A$ ならば $x \in B$ を示せばよい。$x \in A$ ならば $x \in \mathbf{R}$ かつ $x^2 - 2x - 3 = (x-3)(x+1) = 0$ が成り立つ。これより $x = 3$ あるいは $x = -1$ である。$x = 3$ のとき $|x| = 3 \leq 5$ が成り立つ。$x = -1$ のとき $|x| = 1 \leq 5$ が成り立つ。以上より $x \in B$ が成り立つ。 □

演習 3.4

証明

($A \subseteq B$ の証明) $x \in A$ とする。このとき, $x \in \mathbf{R}$ で $f(x) = 0$ が成り立つ。これより $f(x)^2 = 0$ も成り立つので $x \in B$ である。

($A \supseteq B$ の証明) $x \in B$ とする。このとき, $x \in \mathbf{R}$ で $f(x)^2 = 0$ が成り立つ。これより $f(x) = 0$ も成り立つので $x \in A$ である。 □

演習 3.5

証明　明らかに $1 \in \mathbf{R}$ である。さらに, $1^5 + 1^4 - 1^3 - 1^2 + 1 - 1 = 0$ であるので $1 \in A$ である。一方, $\sin(2\pi \cdot 1) = 0$ が成り立つので $1 \in B$ である。よっ

て，$1 \in A \cap B$ が成り立つ。 □

演習 3.6　次式のとおりである。

$$A_1 = \{0, 1, 2\}, \quad A_2 = \{1, 2, 3\}, \quad A_3 = \{2, 3, 4\} \tag{A.31}$$

演習 3.7　次式のとおりである。

$$A_1 = [0, 2], \quad A_2 = [1, 3], \quad A_3 = [2, 4] \tag{A.32}$$

演習 3.8　各 A_i（$i \in I$）は以下のとおりである。

$$A_1 = \{1, 2, 3, 4, 5, 6, 7, 8\} \tag{A.33}$$

$$A_2 = \{2, 3, 4, 5, 6, 7, 8, 9\} \tag{A.34}$$

$$A_3 = \{3, 4, 5, 6, 7, 8, 9, 10\} \tag{A.35}$$

$$A_4 = \{4, 5, 6, 7, 8, 9, 10, 11\} \tag{A.36}$$

$$A_5 = \{5, 6, 7, 8, 9, 10, 11, 12\} \tag{A.37}$$

よって

$$\bigcap_{i \in I} A_i = \{5, 6, 7, 8\} \tag{A.38}$$

である。

演習 3.9

証明　以下の関係から示される。

$$\begin{aligned}
& x \in (A \cup B) \cup C \\
& \quad \Leftrightarrow \quad (x \in A \cup B) \ \vee \ (x \in C) \\
& \quad \Leftrightarrow \quad ((x \in A) \vee (x \in B)) \ \vee \ (x \in C) \\
& \quad \Leftrightarrow \quad (x \in A) \ \vee \ (x \in B) \ \vee \ (x \in C) \\
& \quad \Leftrightarrow \quad (x \in A) \ \vee \ ((x \in B) \vee (x \in C)) \\
& \quad \Leftrightarrow \quad (x \in A) \ \vee \ (x \in B \cup C) \\
& \quad \Leftrightarrow \quad x \in A \cup (B \cup C))
\end{aligned} \tag{A.39}$$

□

演習 3.10　各 A_i（$i \in I$）は次式のとおりである。

$$A_1 = \{1,2\}, \quad A_2 = \{2,3\}, \quad A_3 = \{3,4\} \tag{A.40}$$

よって

$$\bigcup_{i \in I} A_i = \{1,2,3,4\} \tag{A.41}$$

である。

演習 3.11

証明　以下の関係から示される。

$$\begin{aligned}
&x \in A \cup (B \cap C) \\
&\quad\Leftrightarrow\quad (x \in A) \ \vee\ (x \in B \cap C) \\
&\quad\Leftrightarrow\quad (x \in A) \ \vee\ ((x \in B) \ \wedge\ (x \in C)) \\
&\quad\Leftrightarrow\quad ((x \in A) \vee (x \in B)) \ \wedge\ ((x \in A) \vee (x \in C)) \\
&\quad\Leftrightarrow\quad (x \in A \cup B) \ \wedge\ (x \in A \cup C) \\
&\quad\Leftrightarrow\quad x \in (A \cup B) \cap (A \cup C)
\end{aligned} \tag{A.42}$$

□

演習 3.12　以下の関係から示される。

$$\begin{aligned}
&(x \in X) \wedge (x \notin A^c) \\
&\quad\Leftrightarrow\quad (x \in X) \ \wedge\ \neg(x \in A^c) \\
&\quad\Leftrightarrow\quad (x \in X) \ \wedge\ \neg((x \in X) \ \wedge\ (x \notin A)) \\
&\quad\Leftrightarrow\quad (x \in X) \ \wedge\ ((\neg(x \in X)) \ \vee\ (x \in A)) \\
&\quad\Leftrightarrow\quad ((x \in X) \ \wedge\ \neg(x \in X)) \ \vee\ ((x \in X) \ \wedge\ (x \in A)) \\
&\quad\Leftrightarrow\quad \mathrm{F} \ \vee\ ((x \in X) \ \wedge\ (x \in A)) \\
&\quad\Leftrightarrow\quad (x \in X) \wedge (x \in A) \quad\Leftrightarrow\quad x \in A
\end{aligned} \tag{A.43}$$

演習 3.13

証明 明らかに $-2 \in \mathbf{R}$ である。また，$(-2)^2 + 3(-2) - 4 = -6 \not> 0$ であるので $-2 \in A^c$ である。全体集合が $\mathbf{R}$ であるので A^c は

$$A^c = \{x \in \mathbf{R} \mid x^2 + 3x - 4 \leq 0\} \tag{A.44}$$

である。さらに，$x^2 + 3x - 4 = (x+4)(x-1)$ であるので $A^c = [-4, 1]$ である。 □

演習 3.14 A，B の定義から以下の関係が成り立つ。

$$(A \cap B)^c = \{3\}^c = \{1, 2, 4, 5, 6\} \tag{A.45}$$

$$A^c \cup B^c \ = \{4, 5, 6\} \cup \{1, 2, 5, 6\} = \{1, 2, 4, 5, 6\} \tag{A.46}$$

$$(A \cup B)^c = \{1, 2, 3, 4\}^c = \{5, 6\} \tag{A.47}$$

$$A^c \cap B^c \ = \{4, 5, 6\} \cap \{1, 2, 5, 6\} = \{5, 6\} \tag{A.48}$$

よって，式 (3.71)，(3.72) が成り立つ。

演習 3.15

証明 以下の関係から証明される。

$$\begin{aligned}
& x \in (A \cup B)^c \\
& \quad \Leftrightarrow \ (x \in X) \land (x \notin A \cup B) \\
& \quad \Leftrightarrow \ (x \in X) \land (\neg(x \in A \cup B)) \\
& \quad \Leftrightarrow \ (x \in X) \land (\neg((x \in A) \lor (x \in B))) \\
& \quad \Leftrightarrow \ (x \in X) \land ((\neg(x \in A)) \land (\neg(x \in B))) \\
& \quad \Leftrightarrow \ (x \in X) \land ((x \notin A) \land (x \notin B)) \\
& \quad \Leftrightarrow \ ((x \in X) \land (x \in X)) \land ((x \notin A) \land (x \notin B)) \\
& \quad \Leftrightarrow \ ((x \in X) \land (x \notin A)) \land ((x \in X) \land (x \notin B)) \\
& \quad \Leftrightarrow \ (x \in A^c) \land (x \in B^c) \\
& \quad \Leftrightarrow \ x \in A^c \cap B^c
\end{aligned} \tag{A.49}$$

□

演習 3.16

$$A \times B = \{(1,0),(1,0.1),(1,0.2),(2,0),(2,0.1),(2,0.2)\} \tag{A.50}$$

$$B \times A = \{(0,1),(0,2),(0.1,1),(0.1,2),(0.2,1),(0.2,2)\} \tag{A.51}$$

演習 3.17　$\mathbf{Z}^4$

演習 3.18

$$\emptyset,\ \{2\},\ \{3\},\ \{6\},\ \{2,3\},\ \{3,6\},\ \{2,6\},\ \{2,3,6\} \tag{A.52}$$

第 4 章

演習 4.1

(1)　$x \leq 0$ あるいは $x \geq 1$ のとき，$f_n(x)$ は n とは無関係である。よって，$\lim_{n\to\infty} f_n(x)$ が存在する。$x \in (0,1)$ のとき

$$\lim_{n\to\infty} f_n(x) = \lim_{n\to\infty} x^n = 0 \tag{A.53}$$

であるので $\lim_{n\to\infty} f_n(x)$ が存在する。

(2)　$f(x)$ は

$$f(x) = \begin{cases} 0 & (x < 0) \\ 1 & (x \geq 1) \end{cases} \tag{A.54}$$

であるので，明らかに不連続である。

演習 4.2　$x \neq 0$ のとき式 (4.7) が導関数であることは明らかである。一方，$x = 0$ のとき

$$\begin{aligned} \lim_{h\to 0} \frac{f(h) - f(0)}{h} &= \lim_{h\to 0} \frac{h^2 \sin \dfrac{1}{h} - 0}{h} \\ &= \lim_{h\to 0} h \sin \frac{1}{h} \end{aligned} \tag{A.55}$$

である。任意の $h \neq 0$ に対して $|\sin(1/h)| \leq 1$ であるので $\lim_{h\to 0} h \sin(1/h) = 0$ である。以上より式 (4.7) が導関数である。

演習 4.3　以下のとおりである。

$$\begin{aligned}\|f\|_2 &= \lim_{d\to\infty}\int_{-d}^{d}|f(x)|^2\,dx \\ &= \lim_{d\to\infty}\int_{0}^{d}e^{-2x}\,dx \\ &= \lim_{d\to\infty}\left[\frac{1}{-2}e^{-2x}\right]_0^d \\ &= \lim_{d\to\infty}\frac{1}{-2}\left(e^{-2d}-1\right) \\ &= \frac{1}{-2}(0-1) \ = \ \frac{1}{2}\end{aligned} \tag{A.56}$$

$$|f(x)| = \begin{cases} 0 & (x<0) \\ e^{-x} & (x\geq 0)\end{cases} \tag{A.57}$$

演習 4.4　$\mathrm{Im}(f)=[-1/6,1/2]$ である。

証明

（$\subseteq$ の証明）$x\in\mathbf{R}$ が任意に与えられたとする。このとき

$$(x^2+3)-2(x+1)=(x-1)^2\geq 0 \tag{A.58}$$

$$6(x+1)+(x^2+3)=(x+3)^2\geq 0 \tag{A.59}$$

が成り立ち，かつ $x^2+3>0$ である。以上より

$$-\frac{1}{6}\leq f(x)\leq\frac{1}{2} \tag{A.60}$$

が成り立つ。よって，$\mathrm{Im}(f)\subseteq[-1/6,1/2]$ が成り立つ。
（$\supseteq$ の証明）$y\in[-1/6,1/2]$ が任意に与えられたとする。$y=0$ とすると $x=-1$ に対して $y=(x+1)/(x^2+3)$ が成り立つ。つぎに $y\neq 0$ とする。このとき

$$1+4y-12y^2=(1+6y)(1-2y)\geq 0 \tag{A.61}$$

が成り立つ。これより，ある $x\in\mathbf{R}$ が存在して $yx^2-x+(3y-1)=0$，すなわち

$$y=\frac{x+1}{x^2+3} \tag{A.62}$$

が成り立つ。以上より $y\in\mathrm{Im}(f)$ が成り立つ。　□

演習 4.5　任意の $x \in (-1,1)$ に対して $x^2 < 1$ が成り立つので $-x^2+3=(1-x^2)+2>0$ が成り立つ。任意の $x \in (-1,1)$ に対して $f(x)>0$ であるので，$x=0$ の近傍で f は正である。

演習 4.6　以下の関係が成り立つ。

$$\lim_{n\to\infty} a_{m,n} = \lim_{n\to\infty} \frac{3m - \dfrac{4m}{n} + 1}{m - \dfrac{2m}{n} + 1 - \dfrac{2}{n}} = \frac{3m+1}{m+1} \tag{A.63}$$

$$\lim_{m\to\infty}\lim_{n\to\infty} a_{m,n} = \lim_{m\to\infty} \frac{3m+1}{m+1} = \lim_{m\to\infty} \frac{3+\dfrac{1}{m}}{1+\dfrac{1}{m}} = 3 \tag{A.64}$$

$$\lim_{m\to\infty} a_{m,n} = \lim_{m\to\infty} \frac{3n - 4 + \dfrac{n}{m}}{n - 2 + \dfrac{1}{m}(n-2)} = \frac{3n-4}{n-2} \tag{A.65}$$

$$\lim_{n\to\infty}\lim_{m\to\infty} a_{m,n} = \lim_{n\to\infty} \frac{3n-4}{n-2} = \lim_{n\to\infty} \frac{3-\dfrac{4}{n}}{1-\dfrac{2}{n}} = 3 \tag{A.66}$$

よって，式 (4.32) が成り立つ。

演習 4.7　$b_m + c_n$ を計算することにより確かめられる。

引用・参考文献

1) 志賀浩二：集合への 30 講（数学 30 講シリーズ 3），朝倉書店 (1988)
2) 齋藤正彦：数学の基礎 – 集合・数・位相（基礎数学 14），東京大学出版会 (2002)
3) 大村　平：幾何のはなし（改訂版)–論理的思考のトレーニング，日科技連 (2021)
4) 志賀浩二：解析入門 30 講（数学 30 講シリーズ 5），朝倉書店 (1988)

索　　　引

—— 著 者 略 歴 ——

1991年　東京工業大学工学部制御工学科卒業

1993年　東京工業大学大学院理工学研究科修士課程修了（制御工学専攻）

1996年　東京工業大学大学院理工学研究科博士課程修了（制御工学専攻），博士（工学）

1996年　日本学術振興会特別研究員（～1998 年）

1997年　カリフォルニア大学バークレー校客員研究員（～1998 年）

1999年　大阪大学助手

2002年　大阪大学講師

2005年　大阪大学助教授

2007年　大阪大学准教授

2015年　名古屋大学准教授

現在に至る

あれっ，大学で数学がわからなくなった！

—大学数学を読み解く力を手に入れよう—

Oh My Gosh, University Math Is Totally Different from High School One !

— Develop Your Comprehension of University Math —

2023 年 9 月 21 日　初版第 1 刷発行　★

検印省略

著　　者　浅《あさ》　井《い》　　徹《とおる》

発 行 者　株式会社　コ ロ ナ 社

代 表 者　牛 来 真 也

印 刷 所　三 美 印 刷 株 式 会 社

製 本 所　有限会社　愛 千 製 本 所

112–0011　東京都文京区千石 4–46–10

発 行 所　株式会社　コ ロ ナ 社

CORONA PUBLISHING CO., LTD.

Tokyo Japan

振替 00140–8–14844・電話(03)3941–3131(代)

ホームページ https://www.coronasha.co.jp

ISBN 978–4–339–06129–1　C3041　Printed in Japan　（田中）